高等学校电气信息类实验系列教材

电路及电子技术实验

（Ⅱ）

雷伏容　主编　袁洪芳　朱玮　副主编

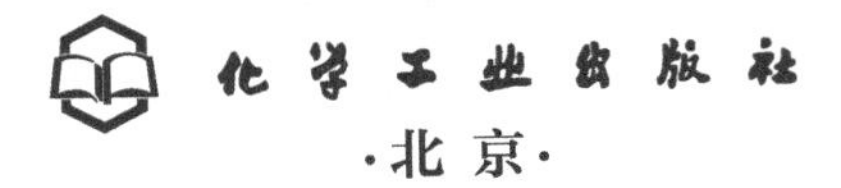

·北京·

内容简介

《电路及电子技术实验（Ⅱ）》，共编有十个实验，内容包括两部分：第一部分为电路原理实验，包括实验一至实验七；第二部分为模拟电子技术实验，包括实验八至实验十。书末附有电工电子教学实验台的介绍，万用表、示波器、信号源的使用方法，Multisim 电路仿真软件简介，实验记录及两个综合设计性实验。

本书可作为高等学校电气类、电子信息类、自动化类、计算机类等相关专业师生的电路原理、电路与模拟电子技术课程实验用书，也可供从事电工、电子科研工作的读者参考。

图书在版编目（CIP）数据

电路及电子技术实验．Ⅱ/雷伏容主编．—北京：化学工业出版社，2020.11（2024.8重印）

高等学校电气信息类实验系列教材

ISBN 978-7-122-37721-0

Ⅰ．①电…　Ⅱ．①雷…　Ⅲ．①电路-实验-高等学校-教材②电子技术-实验-高等学校-教材　Ⅳ．①TM13-33②TN-33

中国版本图书馆 CIP 数据核字（2020）第 173126 号

责任编辑：郝英华　　装帧设计：张　辉

责任校对：李　爽

出版发行：化学工业出版社（北京市东城区青年湖南街 13 号　邮政编码 100011）

印　　装：北京科印技术咨询服务有限公司数码印刷分部

710mm×1000mm　1/16　印张 10¼　字数 197 千字　2024 年 8 月北京第 1 版第 4 次印刷

购书咨询：010-64518888　　售后服务：010-64518899

网　　址：http://www.cip.com.cn

凡购买本书，如有缺损质量问题，本社销售中心负责调换。

定　　价：35.00 元

前 言

为了满足现代科技和世界经济发展对人才培养的需求，教育部积极推进“新工科”建设，探索领跑全球工程教育的中国模式。在此背景下，作为北京市示范中心的北京化工大学电工电子中心积极推进电工电子相关课程和实验的教学改革，本实验教材是与之配套的实验指导书，共分两册：《电路及电子技术实验（Ⅰ）》和《电路及电子技术实验（Ⅱ）》。本书是《电路及电子技术实验（Ⅱ）》，对应电路原理、电路及电子技术、电路与模拟电子技术等课程的相关实验。实验内容主要包括两大部分：第一部分是电路原理实验，编有七个实验；第二部分是模拟电子技术实验，编有三个实验。本书主要特点如下。

(1) 虚实结合，内容丰富

本书实验项目内容丰富，既有验证性的实验，又有设计性和综合性实验。每个实验项目既有在实验室进行实际动手操作的部分，又有在计算机上不限时间、地点完成的仿真实验部分，虚实结合，体现了现在实验改革的新方向。

(2) 因材施教，分层教学

本书在实验内容的设计上，考虑了分层教学的需要，既有大纲要求必须完成和掌握的必做内容，又有可供学有余力或者感兴趣的学生进行进一步深入研究的选做内容。本书的主要面对对象是电类专业的学生，要求通过基本的实验项目使同学们掌握实验的基本技能，培养严谨科学的作风。对于学有余力或者对于电工电子感兴趣的同学，可以完成书中的一些选做内容，甚至对于某些专题进行更加深入的研究。

(3) 过程考核，成绩有据

在本书附录六的实验记录中，设计了学生的预习报告及课堂实验完成情况表格，课程结束后，这一部分方便教师作为学生学习过程考核的依据进行存档。

本书由雷伏容任主编，袁洪芳、朱玮任副主编。参加本书编写工作的有雷伏容、朱玮、袁洪芳、陈磊、侯月，其中实验一、七、八、十及附录二由朱玮编写，实验二、五由袁洪芳编写，实验三、四、六、九及附录五、七由雷伏容编写，附录一由侯月编写，附录三、四由陈磊编写，全书由雷伏容统稿。在编写过程中，吴亚琼等老师也给予了大力支持，在此表示感谢。

由于编者水平有限，书中难免有不足之处，敬请读者批评指正。

编者

2020年10月

目 录

第一部分 电路原理实验

第二部分 模拟电子技术实验

学生用电安全必读及电工实验规则

1. 安全用电常识

用电安全是电工实验室最重要的安全问题。

不重视安全用电，可能会带来人身或者财产损失。如触电事故，即人体接触到带电体，从而引起电流流过人体，可能会造成电击或电伤甚至死亡。设备漏电则可能造成火灾或者爆炸。

实践表明，大量的触电事故是由于缺乏用电安全的基本常识造成的，有的是出于对电力的特点及其危险性的无知；有的是疏忽麻痹，放松警惕；还有的则是似懂非懂，擅自违章用电等。

因此，首先有必要掌握最基本的安全用电常识。

(1) 认识和了解电源总开关，学会在有人触电等紧急情况下关断总电源。

(2) 不用手或导电物（如铁丝、钉子、别针等金属制品）去接触、探试电源插座内部。

(3) 不要用湿手触摸电器，不用湿布擦拭电器。

(4) 发现有人触电，在保证自身安全的前提下要设法及时关断电源，或者用干燥的木棍等物将触电者与电器分开，千万不要用手直接去救人。

(5) 不靠近高压带电体（室外高压线、变压器等)，不接触低压带电体。

其次，需要了解电击对于人体造成伤害的有关因素及危害程度。

电击对于人体造成伤害的程度，主要与通过人体的电流大小、持续时间以及经过人体的部位有关。电流强度越大，致命的风险越大。持续时间越长，人体电阻会下降，流过的电流就更大，死亡的可能性越大。而且人的心脏每收缩、扩张一次，中间约有 0.1s 的间歇，这 0.1s 对电流最敏感，可能引起心脏停搏。电流的路径通过心脏危险性最大，可能导致精神失常、心跳停止、血液循环中断，其中电流从左手到右脚的流经路径是最危险的。

此外，电流频率在 40～60Hz 对人体的伤害最大。电流对人体的作用，女性较男性敏感；小孩遭受电击较成人危险；人体的皮肤干湿等情况对电击伤害程度也有一定的影响。皮肤干燥时电阻大，通过电流小；皮肤潮湿时电阻小，通过的电流就大，危害也大。患有心脏病、神经系统疾病或结核病的病人被电击受伤害程度比健康人要严重。

能引起人感觉到的最小电流值称为感知电流，交流为 1mA，直流为 5mA；人触电后能自己摆脱的最大电流称为摆脱电流，交流为 10mA，直流为 50mA；在较短的时间内危及生命的电流称为致命电流，如 100mA 的电流通过人体 1s，足以使人致命。

一般情况下，人体的平均电阻在 1～2kΩ。但是，影响人体电阻的因素很多，如外角质层破坏（平均电阻下降到 0.8～1kΩ）、皮肤潮湿出汗、带有导电性粉尘、加大与带电体的接触面积和压力以及衣着的潮湿油污等情况，均能使人体电阻降低，所以为确定安全条件，往往不采用安全电流，而是采用安全电压来进行估算。

安全电压（safety voltage）是指不会使人直接致命或致残的电压。安全电压值的规定，各国有所不同。我国标准规定，交流工频（50Hz）的安全电压限值为 50V（有效值），即在任何情况下，两导体间或任一导体与地之间都不得超过的电压上限值。在 2008 年 9 月 1 日起实施的《特低电压（ELV）限值》GB/T 3805—2008 中，我国根据具体环境条件的不同，安全电压值规定为 42V、36V、24V、12V 和 6V，应根据作业场所、操作员条件、使用方式、供电方式、线路状况等因素选用。例如有电击危险的环境中使用的手持照明灯和局部照明灯应采用 36V 或 24V 特低电压；金属容器内、特别潮湿处等特别危险环境中使用的手持照明灯就采用 12V 特低电压；水下作业等场所应采用 6V 特低电压。根据生产和作业场所的特点，采用相应等级的安全电压，是防止发生触电伤亡事故的根本性措施。

我国的一般居民用电为工频（50Hz）220V（有效值）的交流电，因此，需要特别注意用电安全。

2. 电工实验规则

(1) 不允许将水杯、饮料等带入电工实验室，以免泼洒引起短路，造成事故；也不允许将食物带入实验室，以免食物碎屑掉入引起设备故障和损坏。

(2) 实验中如果发现有人触电或者冒烟、火花、有异味等紧急或者异常情况，应该在保证自身安全的前提下，立刻切断实验台总电源，并报告教师处理。如果发现起火，不要用水灭火，应当选择最近的出口立即从实验室疏散或者使用干粉灭火器灭火并报告教师。

(3) 实验桌上不要放置书包和衣物，以免导致仪器仪表散热不良，引起故障或者事故。

(4) 分清实验用的交、直流导线。做电压较高的交流实验时，使用的导线是交流导线，即接插头金属部分是不外露的。插拔导线时，务必握住导线头的部分，不要直接拉拽导线，以免引起导线绝缘皮的破裂，造成安全隐患。

（5）实验前要认真预习相关实验内容，并撰写预习报告，包括实验名称、实验目的、实验设备、实验步骤等，其中步骤宜简略概括，实验电路图需清晰。如有需要提前计算的参数或者设计的线路需要在实验前认真完成。

（6）实验中接线、拆线或改接线路中务必切断电源，严禁带电操作。接好线路再检查一遍，确认无误再接通电源。接线布局要合理，每根导线端部连接线不宜超过 3 根。

（7）实验中要严肃认真，并保持安静整洁的实验环境。仔细记录并初步分析实验数据。避免胡乱做，完全依赖指导老师来判断数据是否正确的现象。

（8）实验完毕，应该将使用过的仪器设备归位，将导线分类整理好放置在实验桌的抽屉里，关闭实验台电源开关和万用表电源开关。

（9）实验结束后，在预习报告的基础上，对实验数据进行分析并得出明确结论，数据要注意参考方向及单位，并保留 2 位有效数字。波形曲线要画在坐标纸上，曲线的弯曲部分要多选几个测试点，各点之间的曲线连接要光滑。

（10）完成每个实验后面的思考题和实验报告的具体要求；写出在实验过程中遇到的问题和现象及解决的方法、改进建议和心得体会。

我已阅读实验室用电安全必读，并同意遵守电工实验规则。

签字：　　　　　　　　　　　　　　　　日期：

第一部分　电路原理实验

实验一　认知实验及元件特性测量

一、实验目标（Objectives）

（1）学习并操作常用仪器仪表。

（2）认识电阻、电容、二极管等常用电子元件。

（3）学习使用万用表，学会切换不同挡位测量直流电压/电流值、电阻值、电容值、二极管通断。

二、仪器及元器件（Equipment and Component）

（1）可调直流电压源。

（2）元件箱、万用表、直流电压表及直流电流表。

（3）直流导线若干。

三、实验知识的准备（Elementary Knowledge）

1. 伏安特性的测量

在电工实验中，基本元件主要包括电阻、电感、电容、二极管等，如图 1-1～图 1-3 所示。其伏安特性可以用电压表、电流表或万用表测定，主要采用逐点测量的方法。逐点测量的方法原理简单、测量方便。需要注意的是由于仪表内阻会影响测量结果，因此必须注意仪表的正确接法。

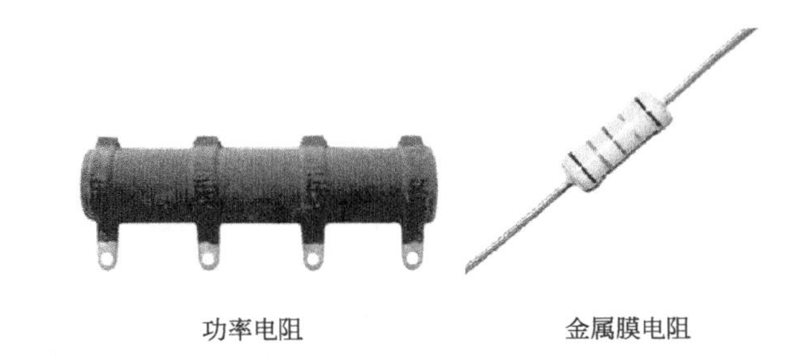

功率电阻　　　　金属膜电阻

图 1-1　常见的几种电阻

图 1-2　晶体二极管

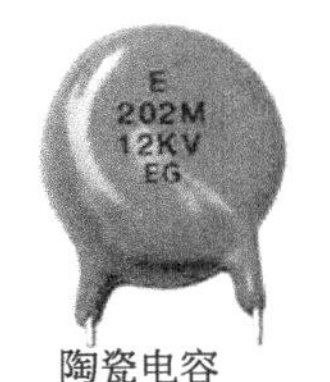

图 1-3　电容

2. 相关概念

伏安特性曲线：任何一个两端元件的特性可以用该元件上的端电压 U 与通过该元件的电流 I 之间的函数关系 $I=f(U)$ 来表示，即用 I-U 平面上的一条曲线来表征，这条曲线称为该元件的伏安特性曲线。

线性电阻伏安特性曲线：是一条通过坐标原点的直线，即 $I=U/R$。

二极管伏安特性曲线：加在二极管两端的电压和流过二极管的电流之间的关系曲线称为伏安特性曲线。需要注意的是，二极管正向压降过高会引起二极管温度升高从而导致二极管损坏；反向压降过高，超过二极管极限值时会导致二极管击穿损坏（反向击穿）。

四、实验内容及过程（Content and Procedures）

【实验 1-1】使用 Multisim 软件进行电阻伏安特性仿真研究（预习）

在 Multisim 中建立如图 1-4 所示的测定线性电阻伏安特性电路，改变直流电压源的值，将仿真结果记入附录六表 1-1 中（**注意：本书中所有实验的记录表格均在附录六相应实验记录表中**）。

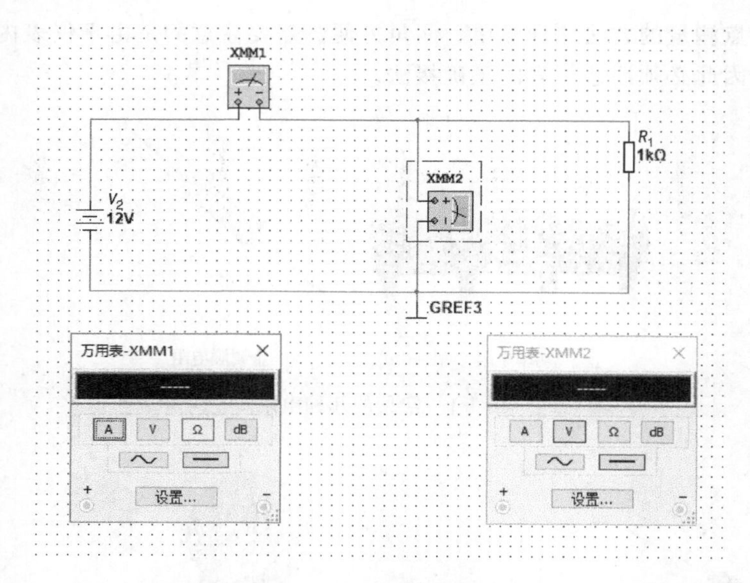

图 1-4　线性电阻伏安特性测量的仿真电路

【实验 1-2】电阻伏安特性研究（必做）

实验线路如图 1-5 所示，电源采用可调直流稳压电源，负载采用 1kΩ 线性电阻。缓慢改变可调直流稳压电源的值，测出相应电压电流的数据，并填入表 1-2。其中电压表、电流表分别使用直流电压表和直流电流表。

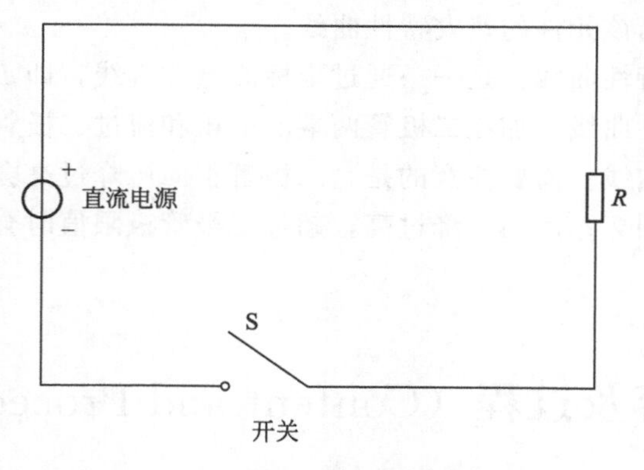

图 1-5　电阻伏安特性测量原理图

【实验 1-3】二极管单向导电特性研究（必做）

1. 二极管正向特性测试

实验线路如图 1-6 所示，直流电源采用实验台上可调直流稳压电源，元件为普通晶体二极管 1N4007，电阻 R 为 200Ω。先将可调直流电源电压值调到零，再缓慢增加其值，测出二极管两端相应电压、电流的数据，并填入表 1-3 中。其中电压表使用万用表，请正确选择万用表的挡位。电流测量可选择万用表或者直流电流表。

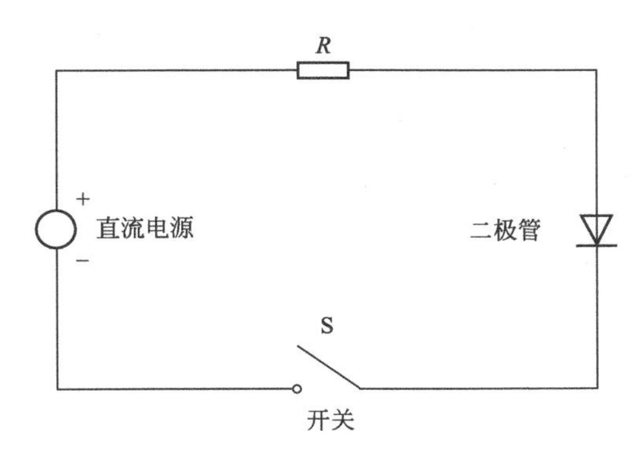

图 1-6　二极管伏安特性测量原理图

2. 二极管反向特性测试

将图 1-6 中二极管反向，测出相应电压电流的数据，并填入表 1-4 中。用测得的数据，绘制电阻和二极管两种元件的伏安特性曲线并分析其特点。

【实验 1-4】二极管的识别与简单测试（选做）

（1）数字万用表选择二极管挡，红表笔接被测二极管正极，黑表笔接被测二极管负极。从 LED 显示屏上读出二极管的近似正向压降值，记录在表 1-5 中。

（2）将万用表欧姆挡置“R×100”或“R×1k”处，将红、黑表笔反过来再次接触二极管两端，读取 LED 显示屏示数，记录在表 1-5 中。分析实验结果。

【实验 1-5】白炽灯伏安特性测试（选做）

按照图 1-7 接线，交流电源采用 250V 可调交流稳压电源，负载采用 25W 白炽灯泡。白炽灯可视为一个电阻，在温度不太高时伏安特性基本为线性。当温度升高时，电阻值会随之变化。缓慢改变可调交流稳压电源的值，测出相应电压、电流的

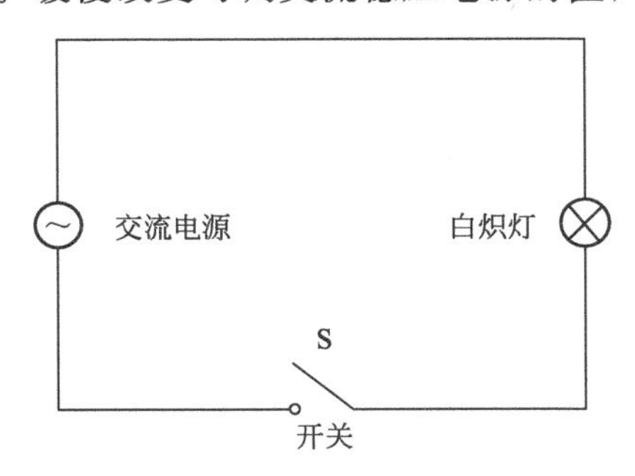

图 1-7　白炽灯伏安特性测量原理图

数据，并填入表1-6中。其中电压表、电流表分别使用交流电压表和交流电流表。

五、注意事项（Matters Needing Attention）

（1）测量二极管特性时，一定要加限流电阻；
（2）调节仪器各旋钮时，动作不要过快、过猛；
（3）电源接线时一定要注意极性；
（4）使用电流表测量电流时应当注意电流的方向。

六、实验报告要求（About Report）

（1）将实验测量结果填写到附录六相应位置；
（2）分析二极管、电阻、白炽灯的元件伏安特性并进行比较说明；
（3）回答实验步骤中所提出的问题，回答思考题；
（4）在附录六中填写心得体会及建议。

实验二 基本电路定理及应用

一、实验目标（Objectives）

（1）验证基尔霍夫定律（KCL和KVL）的正确性，加深对基尔霍夫定律的理解；

（2）验证叠加定理的正确性；

（3）验证戴维宁定理的正确性，掌握戴维宁等效电路参数的实验测定方法；

（4）加深对基本电路定律的认识。

二、仪器及元器件（Equipment and Component）

（1）可调直流稳压电源；

（2）万用表；

（3）定值电阻、可调电阻及直流导线若干。

三、实验知识的准备（Elementary Knowledge）

1. 相关概念

（1）基尔霍夫定律对集总参数电路具有普适性。基尔霍夫定律有两个，分别是基尔霍夫电压定律KVL和基尔霍夫电流定律KCL。对于KCL的描述为，在集总参数电路中，对任何一个节点，流出或流入此节点的所有支路电流的代数和等于零，即：

$$\sum I = 0$$

对于KVL的描述为，在集总参数电路中，对任一回路，在任一时刻，沿该回路的所有支路电压的代数和为零，即：

$$\sum U=0$$

KCL、KVL 适用于任何集总参数电路，它与元件的性质无关，只与电路的拓扑结构有关。

基尔霍夫定律不仅可以用于直流回路，也可以用于交流回路，只不过这时的电压和电流的关系要用向量来表示。

（2）电路的叠加定理指出：在线性网络中，一个含多个独立电源的双边线性网络电路的任何支路的响应（电压或电流），等于每个独立源单独作用时的响应的代数和，此时所有其他独立源被替换成它们各自的阻抗。

为了确定每个独立源的作用，所有的其他电源必须置零：

① 所有其他独立电压源处用短路代替；

② 所有其他独立电流源处用开路代替。

依次对每个电源进行以上步骤，然后将所得的响应相加以确定电路的真实响应。所得到的电路响应是不同电压源和电流源的叠加。

值得注意的是，叠加定理仅适用于电压和电流，而不适用于电功率。

（3）戴维宁定理又称为等效电压源定律，其内容为：一个含有独立电压源、独立电流源及电阻的线形网络的两端，就其外部形态而言，在电学上可以用一个独立电压源V_{th} 和一个松弛二端网络的串联电阻R_{th} 组合来等效，如图 2-1 所示。

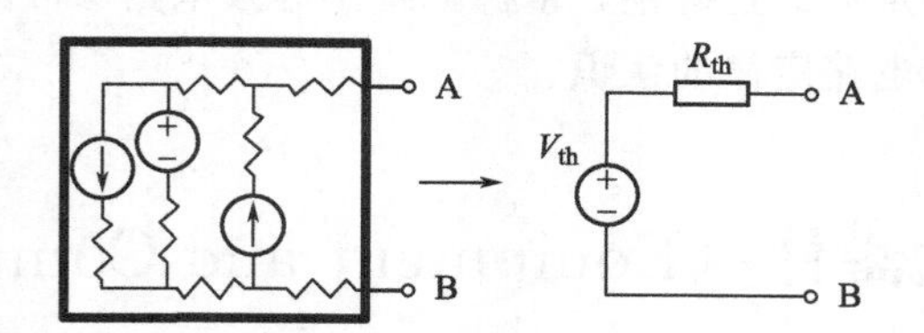

图 2-1　戴维宁等效电路

在计算戴维宁等效电路时，必须联立两个由电阻及电压两个变量所组成的方程，这两个方程可经由下列步骤来获得，也可以使用端口在其他条件下的状态得出：

① 在 AB 两端开路（在没有任何外电流输出，亦即当 AB 点之间的阻抗无限大）的状况下计算或测量输出电压V_{AB}，此输出电压就是V_{th}；

② 在 AB 两端短路（亦即负载电阻为零）的状况下计算或测量输出电流I_{AB}，此时R_{th} 等于V_{th} 除以I_{AB}。

2. 测量方法

戴维宁等效电路的内阻常可用测量方法求得：在开路两端接一已知电阻R_L，测量R_L 两端电压U_L，然后代入计算公式：

$$R_{th}=\left(\frac{U_{OC}}{U_L}-1\right)R_L$$

式中，U_{OC} 为负载开路时的开路电压。

也可采用半电压法求得：在开路两端接一可变电阻R_L，调R_L 同时测两端电压U_L，当$U_L=\frac{U_{OC}}{2}$时，则有$R_{th}=R_L$。

四、实验内容及过程（Content and Procedures）

【实验 2-1】使用 Multisim 软件对基尔霍夫定律进行仿真（预习）

（1）使用 Multisim 搭建如图 2-2 所示的电路；

（2）取 $V_S=12V$，$R_1=R_2=R_3=R_4=R_5=1k\Omega$，使用万用表或者差分探针以及电流探针，分别测量$R_1\sim R_5$ 两端的电压大小以及 $i_1\sim i_6$ 的大小（注意图中标注的方向），并将测量值记录于表 2-1 与表 2-2 中；

（3）取步骤（2）中的 $R_3=500\Omega$，其余值不变，重复上述实验步骤，并将测量值记录于表 2-3 和表 2-4 中；

（4）分析仿真结果，并与理论计算进行比较；

（5）假定 $R_1=R_2$ 且值固定，R_3、R_5 阻值固定，R_4 阻值待定，那么，R_5 两端的电压与 R_4 的阻值是什么关系？请写出推导过程。

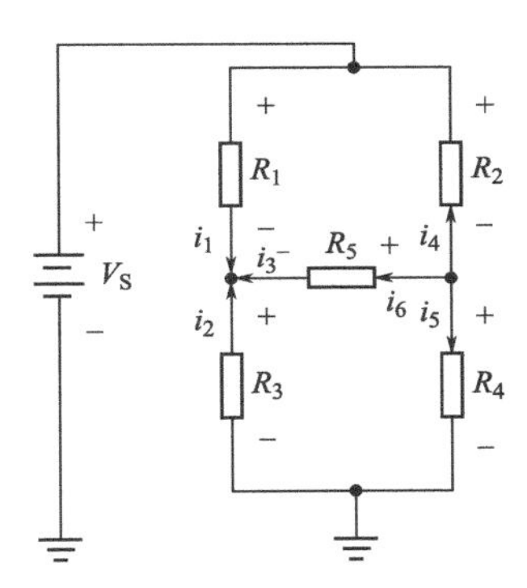

图 2-2　基尔霍夫定律仿真电路

【实验 2-2】使用 Multisim 软件对叠加定理进行仿真（预习）

（1）使用 Multisim 搭建如图 2-3 所示的电路；

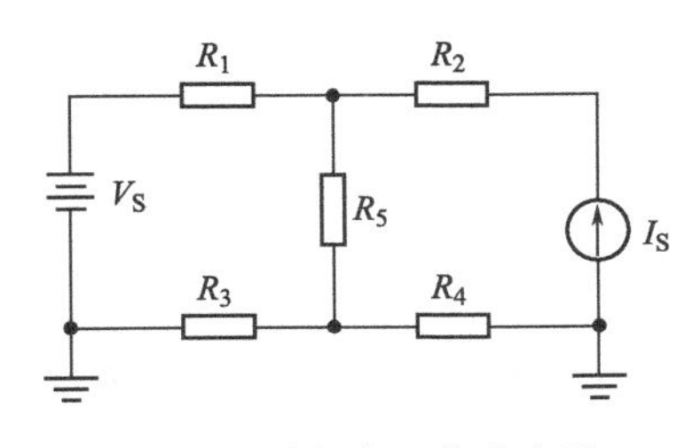

图 2-3　叠加定理仿真电路

（2）取 $V_S=12V$，$I_S=10mA$，$R_1=R_2=R_3=R_4=R_5=1k\Omega$，使用万用表或者差分探头测量 R_5 两端电压，将数据记录于表 2-5 中；

（3）将电压源 V_S 置零，使用万用表或者差分探头测量 R_5 两端电压，将数据记录于表 2-5 中；

（4）将电流源 I_S 置零，使用万用表或者差分探头测量 R_5 两端电压，将数据记录于表 2-5 中；

（5）将 R_4 换成二极管，二极管阳极接地，阴极接到 R_3 与 R_5 的公共端，重复步骤（2）～（4），并将数据记录于表 2-6 中；

（6）分析仿真结果，与理论计算进行比较。

【实验 2-3】验证基尔霍夫定律（必做）

（1）搭建如图 2-4 所示的电路。

（2）将电压源接入电路，参考方向如图 2-4 所示。调节 $U_1=6V$，$U_2=12V$，用万用表或直流电压表测量各电阻两端的电压值，并将数据记录于表 2-7 中，同时测量各支路电流，验证 KCL、KVL。

（3）将电阻 R_5 换成二极管，同步骤二测量各电阻两端的电压值，并将数据记录于表 2-8 中，同时测量各支路电流，验证 KCL、KVL。

（4）将实验值与理论值做比较，计算相对误差，分析误差产生原因。

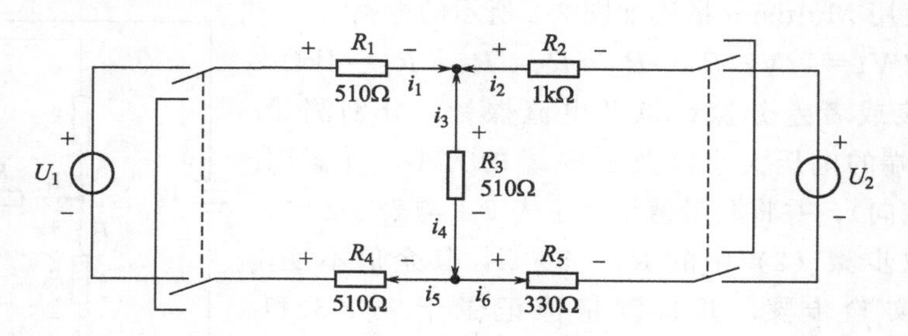

图 2-4　基尔霍夫定律及叠加定理实验电路

【实验 2-4】验证叠加定理（必做）

（1）按照图 2-4 所示电路接线；

（2）将电路中 U_1 置零，调节 $U_2=12.0V$，测量各电阻两端电压；

（3）调节 $U_1=6.0V$，将 U_2 置零，测量各电阻两端电压；

（4）调节 $U_1=6V$，$U_2=12.0V$，测量各电阻两端电压；

（5）测量数据记录于表 2-9 中；

（6）进行误差计算和分析。

【实验 2-5】验证戴维宁等效定理（必做）

（1）按照图 2-5 所示电路接线；

（2）取 $V_S=12.0V$，$I_S=10mA$，其余取值与电路图中一致，使用以下三种方法测量 AB 左侧等效有源网络的参数，并比较三种测量方法的优劣：

① 开路电压短路电流法

a. 验证电路如图 2-5 所示，断开负载 R_L，测量 AB 两端的开路电压U_{OC}；

b. 短接 AB，测量此时 AB 之间的电流I_{SC}；

c. 从 AB 两端向左看进去的二端有源网络的等效电阻为：$R_O=U_{OC}/I_{SC}$，计算等效电阻R_O 并与理论值进行比较；

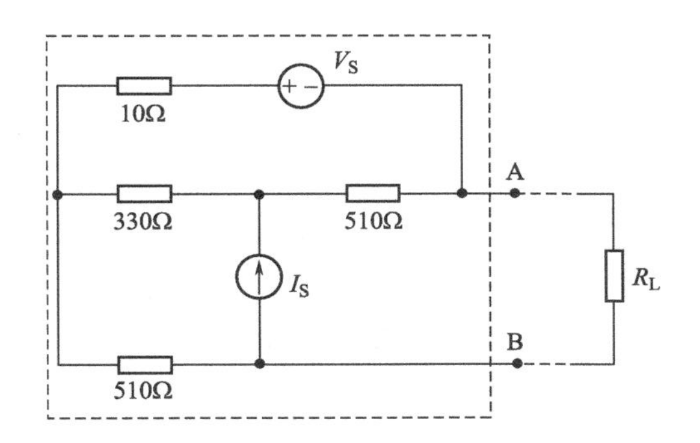

图 2-5 戴维宁等效定理实验电路

d. 将测量结果和计算结果记录于表 2-10 中。

② 定义法

a. 同①，测量 AB 两端的开路电压U_{OC}；

b. 将电路中所有独立电源置零，用万用表直接测量此时 AB 以左部分的电阻，即二端有源网络的等效电阻R_O，将数据记录于表 2-10 中。

③ 半电压法

验证电路如图 2-5 所示，断开负载 R_L，在 AB 两端接上电位器，调节电位器阻值，使 AB 两端电压为$U_L=\frac{U_{OC}}{2}$，则电位器的阻值即为R_O（等效电阻），并将此时的端口参数记录于表 2-11 中。

（3）得到等效电阻之后，将负载电阻 R_L 接入电路，改变 R_L 的值，分别取 100Ω、300Ω、500Ω、700Ω 和 900Ω，测量 AB 两端的电压U_{AB} 和流经负载电阻 R_L 的电流I_L，将测量结果记录于表 2-12 中；

（4）自行设计图 2-5 所示电路的虚线内电路的等效二端网络，并在实验报告相应位置画出所设计二端网络，标出所设计网络中电压源的电压及内阻的阻值，接上负载电阻 R_L，R_L 的值分别取 100Ω、300Ω、500Ω、700Ω 和 900Ω，测量 R_L 两端的电压U_L 及流经负载的电流I_L，将测量结果记录于表 2-13；

（5）根据步骤（3）与步骤（4）所得数据分别画出两个二端网络的外特性曲线，通过比较说明此两组数据能否证明戴维宁定理。

五、注意事项（Matters Needing Attention）

（1）调节仪器各旋钮时，动作不要过快、过猛；

（2）电源接线时一定要注意极性；

（3）使用电流表测量电流时应当注意电流的方向。

六、实验报告要求（About Report）

（1）将实验观测结果绘制或者粘贴到附录六相应位置；

（2）根据仿真数据验证相关定理，并与理论值进行比较，得出相应结论；

（3）根据实验数据验证相关定理，并与理论值进行比较，得出相应结论；

（4）对比仿真结果跟实验结果的差别，并分析原因；

（5）回答实验步骤中所提出的问题，回答思考题；

（6）在附录六上填写心得体会及建议。

实验三　受控源与运算放大器电路的研究

一、实验目标（Objectives）

（1）通过实验进一步认识和理解受控源的物理概念；

（2）获得运算放大器的感性认识，理解由运算放大器和电阻元件构成基本运算电路的原理，领会受控源的实际意义；

（3）学习 Multisim 软件的使用。

二、仪器及元器件（Equipment and Component）

（1）恒压源；

（2）直流电压表、直流毫安表；

（3）受控源及运算放大器实验板；

（4）电阻箱、电阻、电位器及直流导线若干。

三、实验知识的准备（Elementary Knowledge）

1. 相关概念

电源有独立电源和非独立电源之分。独立电源（电压源或电流源）的电压或电流是独立量，而受控源的电压或电流是受电路中某部分电压或电流的控制，一旦控制电压或电流一定，则受控源的数值就一定，受控源的输出电压或电流就保持恒定。

如晶体管的集电极电流受基极电流控制，在输出特性的线性区可近似等效为 CCCS（电流控制的电流源），运算放大器的输出电压受输入电压控制，可近似为 VCVS（电压控制的电压源），这些器件在后续电子技术等课程的学习中要经常用到，因此要牢固掌握受控源的概念。

2. 阅读本书附录相关内容

了解示波器、信号发生器的使用方法，了解 Multisim 软件的使用方法。

四、实验内容及过程（Content and Procedures）

【实验 3-1】使用 Multisim 软件进行 CCCS 受控源的仿真研究（预习）

（1）在 Multisim 软件中，搭建如图 3-1 所示的含有 CCCS（电流控制的电流源）电路；

（2）改变控制变量 I_1 的数值，测量 I_2 的数值，将数据填入表 3-1 中。

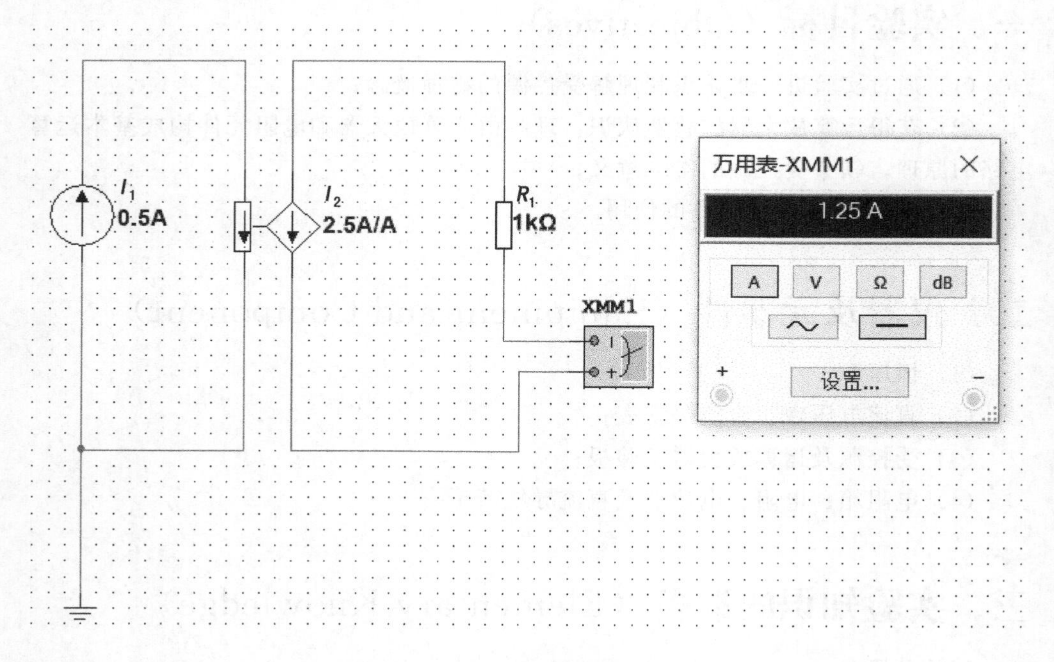

图 3-1　CCCS 的认识实验电路图

【实验 3-2】对 VCCS（电压控制的电流源）的认识实验（必做）

图 3-2 所示是受控源实验板，上面是 VCCS 实验部分，注意受控电流源支路 7、8 端不允许开路。

（1）先将 7、8 端外部串接一毫安表（或安培表）和一个 1kΩ 的电位器，注意毫安表先选择最大或者自动量程，并注意极性。

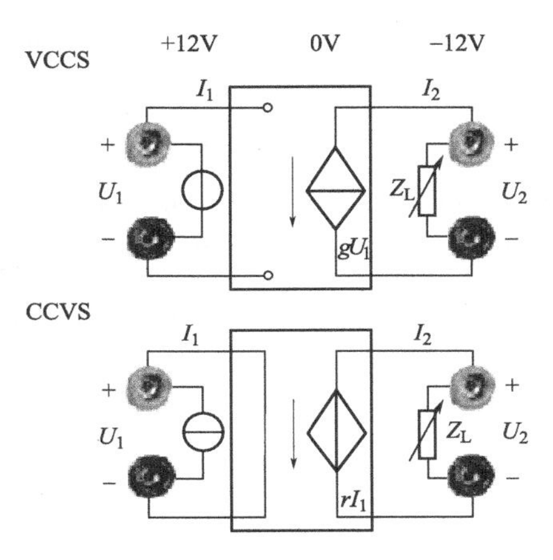

图 3-2　受控源实验板

（2）将恒压源调压旋钮调到最小，再将恒压源调压输出端连接到实验板 VCCS 的 5、6 端，即控制量 U_1。受控电流源 I_2 受电压 U_1 的控制，即 $I_2=gU_1$。

（3）试改变控制量 U_1 的数值，并测量受控电流源的电流 I_2 的数据填入表 3-2 中。

由数据计算转移电导 g 的平均值。

【实验 3-3】同相比例运算电路的研究（必做）

（1）图 3-3 所示电路是由理想运算放大器构成的同相比例运算电路，试按图接线。

（2）恒压源输出电压调节旋钮逆时针调到最小，将恒压源调压输出端接到运算放大器的输入端（即 U_i），当 U_i 调整到表 3-3 所示数值时，分别测量输出电压 U_o 的数据并填入表 3-3 中。

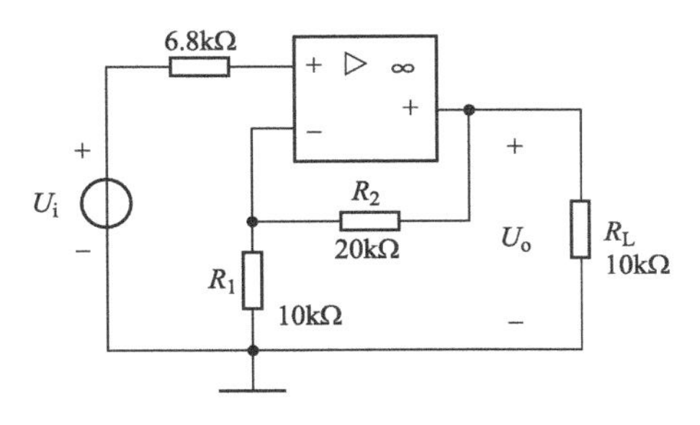

图 3-3　同相比例运算电路

（3）保持 $U_i=2V$，按照表 3-4 调节负载 R_L（换为可变电阻箱）的阻值，测 U_o，绘制负载特性曲线，观察负载对输出电压 U_o 的影响，将数据填入表 3-4 中。

【实验 3-4】电压跟随器的隔离作用研究（必做）

有个同学在做电子小制作时，需要＋5V 的电压源，向一个电阻负载供电，而手头只有直流 12V 电压源，如何获得＋5V 的电压源呢？他想到用串联电阻分压的方法，如图 3-4 所示，但经测试结果不令人满意，后来他将该电路进行了改进，如图 3-5 所示，解决了该问题。**注意：恒压源的“－”端要与运算放大器的“地”端相联。**

通过该实验，将数据记录在表 3-5 中，进行比较和分析。

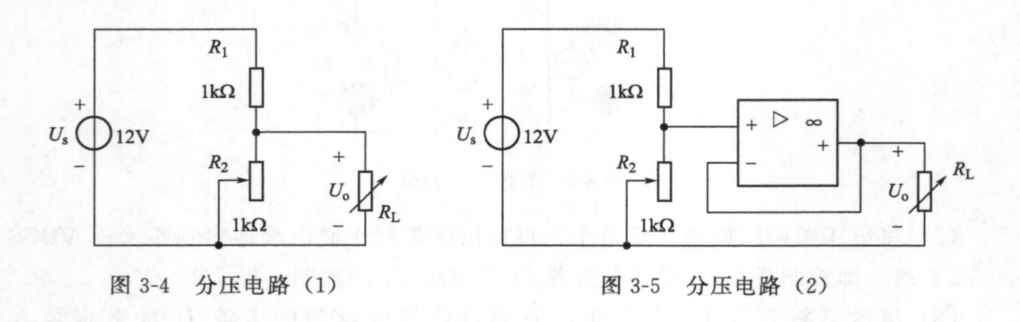

图 3-4　分压电路（1）　　图 3-5　分压电路（2）

【实验 3-5】减法器电路研究（必做）

（1）分析图 3-6 所示电路输出电压 U_o 与输入电压 U_i 的关系，并将关系式填入表 3-6 中。

（2）按图 3-6 接线，对应 U_{i1} 和 U_{i2} 为表 3-6 的数值时，测量输出电压 U_o 的数据，并填入表 3-6。

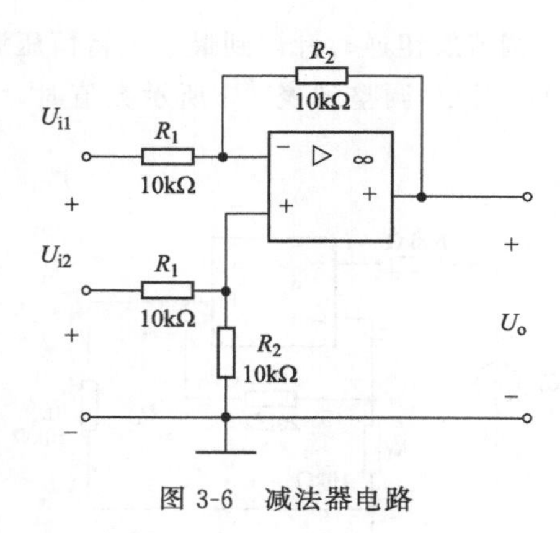

图 3-6　减法器电路

【实验 3-6】电压比较器电路研究（选做）

（1）在 Multisim 软件中，搭建电路如图 3-7 所示，分别将输入波形切换为正弦波、三角波和方波，用示波器双通道同时观察输入、输出波形。

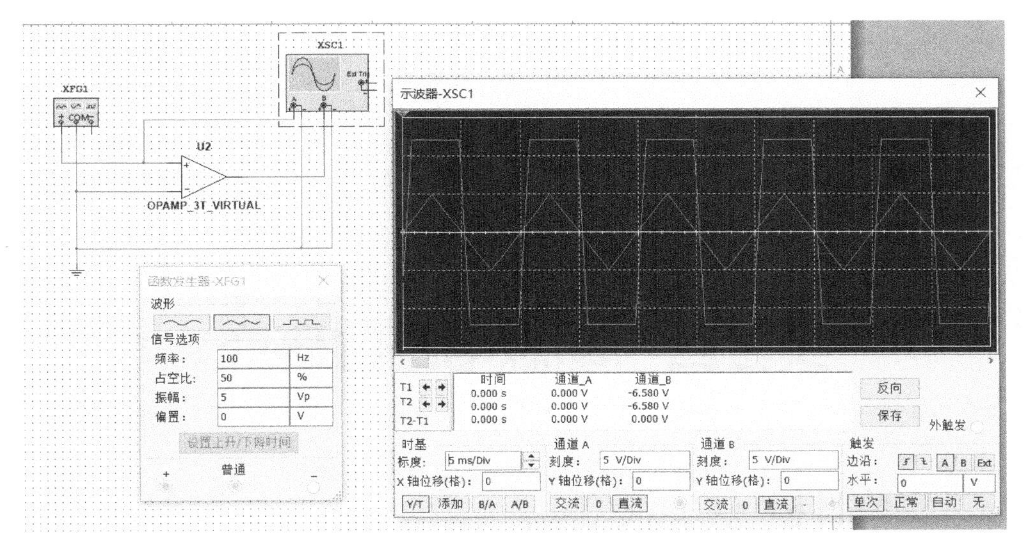

图 3-7　电压比较器仿真电路

(2) 在实验台上按照图 3-7 搭建电压比较器电路，分别将输入波形切换为正弦波、三角波和方波，试用示波器双通道同时观察输入、输出波形，并将波形粘贴到附录六中相应位置。

五、注意事项（Matters Needing Attention）

(1) 调节仪器各旋钮时，动作不要过快、过猛；

(2) 信号源的接地端与示波器的接地端要连在一起（称共地），以防外界干扰而影响测量的准确性；

(3) 信号源输出相应信号时，面板上使用通道相对应的 Output 按键一定要按下，否则没有信号输出；

(4) 电路中的四个 10kΩ 的电阻，其中一个要用 10kΩ 电位器时，要将电位器的调节旋钮调到最大，使两端阻值为 10kΩ；

(5) 受控源实验中，务必注意控制量和受控量的参考方向。

六、实验报告要求（About Report）

(1) 将实验观测结果绘制或者填写到附录六相应位置；

(2) 回答思考题；

(3) 在附录六上填写心得体会及建议。

实验四　动态电路的研究

一、实验目标（Objectives）

(1) 掌握 RC 一阶动态电路中电阻和电容两端电压随时间变化的规律及电容充电、放电的暂态过程；

(2) 理解电路时间常数 τ 的物理意义，学习 τ 的测量方法；

(3) 了解积分电路和微分电路的概念和条件，以及电路参数对电路波形的影响；

(4) 了解二阶电路欠阻尼、临界阻尼和过阻尼的概念；

(5) 学习示波器和信号发生器的使用方法；

(6) 学习 Multisim 软件的使用。

二、仪器及元器件（Equipment and Component）

(1) 信号发生器；

(2) 双踪示波器；

(3) 交流电压表；

(4) 电压源、电位器、电阻、电容、电感及直流导线若干。

三、实验知识的准备（Elementary Knowledge）

1. 相关概念

含有电感、电容等动态元件（储能元件）的电路称为动态电路，这样的电路所建立的电路方程为微分方程或者微分-积分方程，微分方程的阶数取决于等效动态元件的个数和电路的结构。用一阶微分方程描述的动态电路称为一阶电路，用二阶微分方程描述的动态电路称为二阶电路。一阶电路中一般只含有一个动态元件（电容 C 或电感 L）或可等效为一个动态元件。

处于稳态的动态电路在电路发生换路时，即电路结构或参数变化（往往由开关动作引起），电路达到一个新的稳态需要经历一个过程，这个过程称为过渡过程。动态电路的研究通常指过渡过程的研究。

零状态响应：电路在零初始状态下（动态元件初始储能为零）由外部激励引起的响应。

零输入响应：动态电路在没有外部激励时，由电路中动态元件的初始储能引起的响应。

完全响应：电路在输入激励和初始状态共同作用下的响应称为完全响应。

2. 测试方法

时间常数不足够大时，动态网络的过渡过程往往为单次变化且十分短暂的过程。要用普通示波器观察过渡过程和测量有关的参数，就必须使这种单次变化的过程重复出现。为此，利用信号发生器输出的方波信号来模拟阶跃激励信号，即利用方波输出的上升沿作为零状态响应的正阶跃激励信号，用方波的下降沿作为零输入响应的负阶跃激励信号。只要选择方波的重复周期远大于电路的时间常数 τ，那么电路在这样的方波序列脉冲信号的激励下，它的响应就和直流电源接通与断开的过渡过程是基本相同的。

图 4-1(a) 所示为 RC 一阶电路，用信号发生器 u_i 输出的方波来模拟阶跃激励信号。图 4-1(b)和图 4-1(c)为零状态响应和零输入响应，它们分别按指数规律增长和衰减，其过渡过程变化的快慢取决于电路的时间常数 τ。

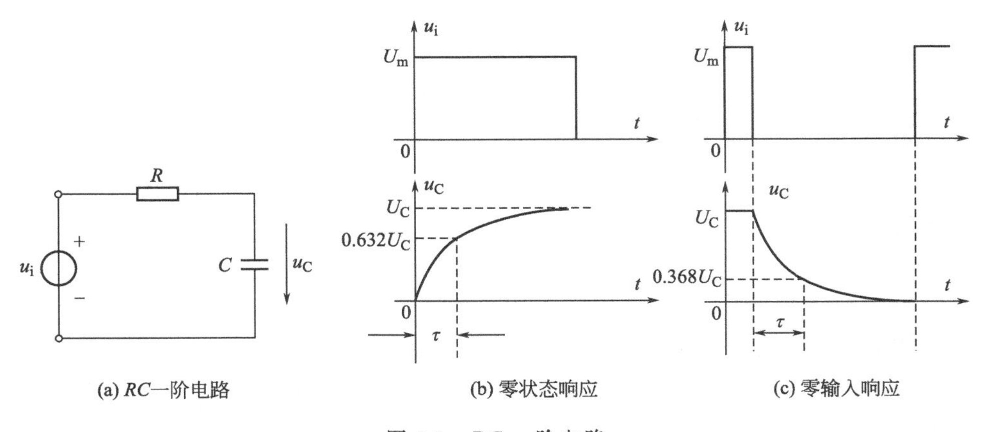

图 4-1　RC 一阶电路

时间常数 τ 的测定方法如下。

用示波器测量零输入响应的波形如图 4-1(c) 所示。根据一阶微分方程的求解，得：

$$u_C=U_C e^{-\frac{t}{\tau}}=U_C e^{-\frac{t}{RC}}$$

当 $t=\tau$ 时，$u_C(\tau)=0.368U_C$。因此在零输入响应中，电容电压下降到初始值的 0.368 倍即 $0.368U_C$ 时，所对应的时间就等于时间常数 τ。亦可用零状态响应波形中电容电压增加到 0.632 倍稳态值即 $0.632U_C$ 所对应的时间测得，如图 4-1(b) 所示。

3. 微分电路和积分电路

微分电路和积分电路是 RC 一阶电路中较典型的电路（如图 4-2 所示），它对电路元件参数和输入信号的周期有着特定的要求。一个简单的 RC 串联电路，在方波序列脉冲的重复激励下，当满足 $\tau=RC\gg 0.5T$（T 为方波脉冲的重复周期），且以电容 C 两端的电压作为响应输出时，就是一个积分电路。因为此时电路的输出信号电压 $u_o=u_C$ 与输入信号电压 u_i 具有积分关系：

$$u_o=u_C=\frac{1}{C}\int i\,dt=\frac{1}{C}\int\frac{u_R}{R}dt\approx\frac{1}{RC}\int u_i\,dt$$

如图 4-2(a) 所示。利用积分电路可以将方波转变成三角波，它能反映信号的作用时间和信号的积累。

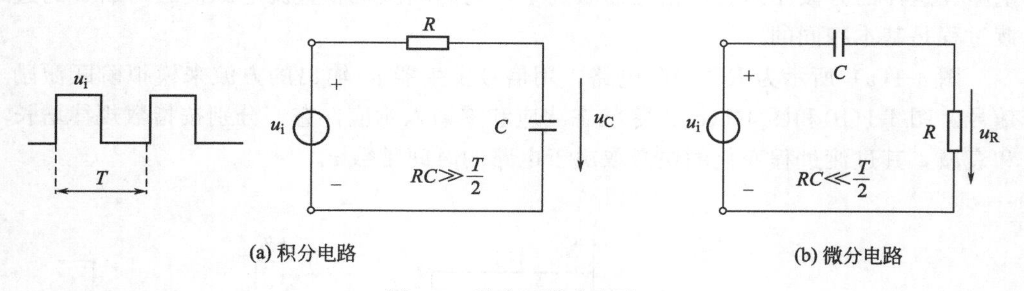

(a) 积分电路　　(b) 微分电路

图 4-2　积分、微分电路

若将图 4-2(a) 中的 R 与 C 位置调换一下，如图 4-2(b) 所示，且以电阻 R 两端的电压作为输出。当电路的参数满足 $\tau=RC\ll 0.5T$ 时，即称为微分电路。此时电路的输出信号电压 $u_o=u_R$ 与输入信号电压 u_i 具有微分关系：

$$u_o=u_R=Ri=RC\frac{du_C}{dt}\approx RC\frac{du_i}{dt}$$

利用微分电路可以将方波转变成尖脉冲，以传送信号的变化量。

从输入输出波形来看，上述两个电路均起着波形变换的作用，请在实验过程仔细观察与记录。

4. 阅读本书附录相关内容

了解示波器、信号发生器的使用方法，了解 Multisim 软件的使用方法。

四、实验内容及过程（Content and Procedures）

【实验 4-1】使用 Multisim 软件进行直流激励下 *RC* 电路的仿真研究（预习）

（1）如图 4-3 所示，在 Multisim 软件中，选取 $R=10\text{k}\Omega$，$C=3300\text{pF}$，设置信号源为输出电压幅值为 3V、频率 $f=1\text{kHz}$ 的方波电压信号，组成如图 4-1(a) 所示的 *RC* 电路。观测电路激励 $u_{\mathrm{i}}(t)$ 与响应 $u_{\mathrm{C}}(t)$ 的变化规律。将输入输出曲线画在坐标纸上或者打印粘贴在附录六中相应位置；

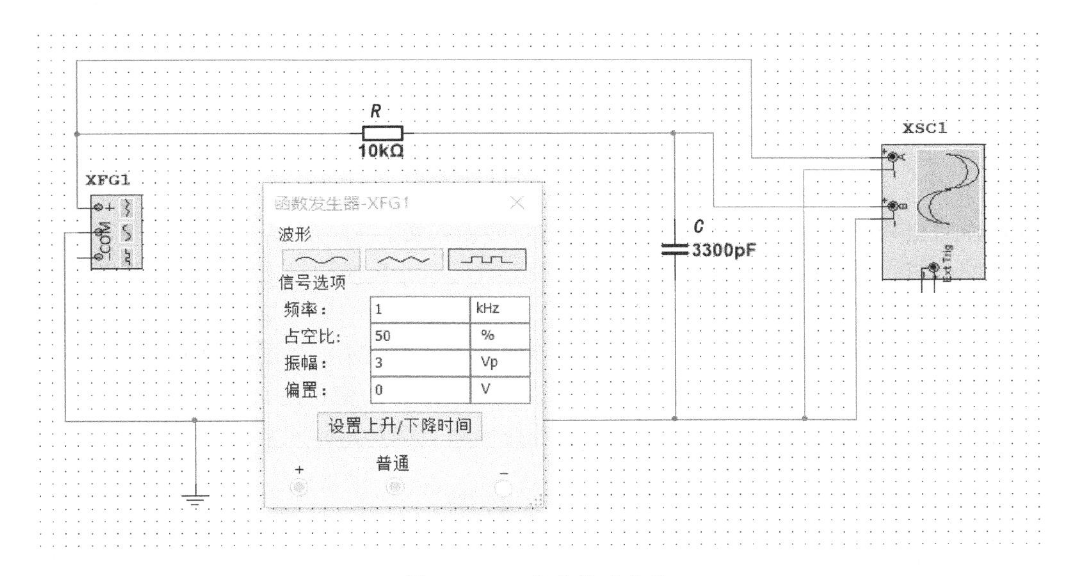

图 4-3 *RC* 积分仿真电路

（2）选取 $R=10\text{k}\Omega$，$C=0.1\mu\text{F}$，设置信号源同上，组成如图 4-1(a) 所示的 *RC* 积分电路。观测电路激励 $u_{\mathrm{i}}(t)$ 与响应 $u_{\mathrm{C}}(t)$ 的变化规律。将输入输出曲线画在坐标纸上或者打印粘贴在附录六相应位置；

（3）将 *R*、*C* 元件交换位置，选取 $R=510\Omega$，$C=0.01\mu\text{F}$，设置信号源同上，组成如图 4-4 所示的 *RC* 微分电路。观测电路激励 $u_{\mathrm{i}}(t)$ 与响应 $u_{\mathrm{R}}(t)$ 的变化规律。将输入输出曲线画在坐标纸上或者打印粘贴在实验报告相应位置。

【实验 4-2】一阶 *RC* 电路暂态过程及时间常数的测定（必做）

（1）从实验箱上选取 $R=10\text{k}\Omega$，$C=3300\text{pF}$ 组成如图 4-1(a) 所示的 *RC* 电路。计算电路时间常数的理论值：$\tau=RC=$______。

（2）调整信号发生器，使其输出电压幅值为 3V、频率 $f=1\text{kHz}$ 的方波电压信

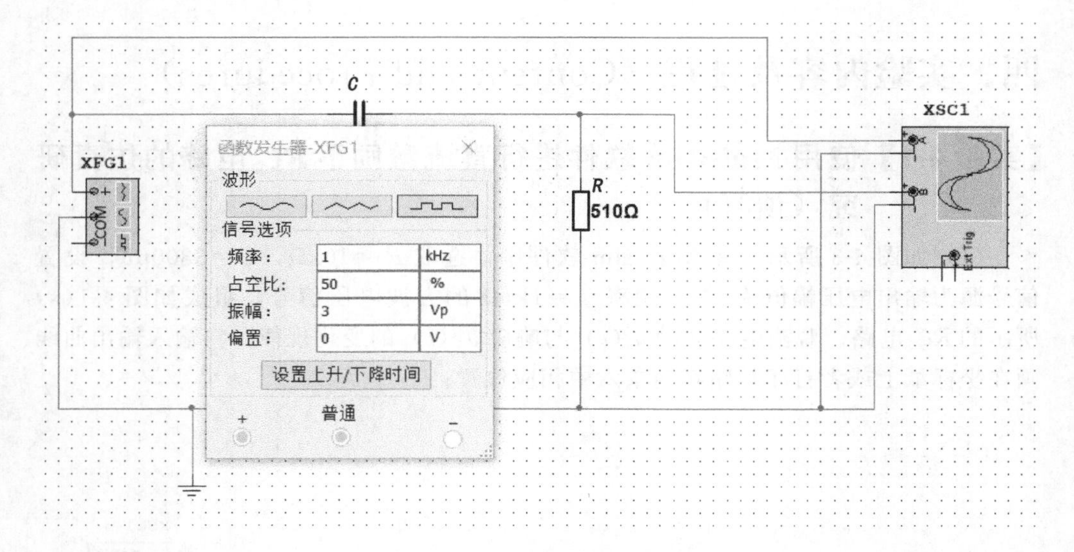

图 4-4 *RC* 微分仿真电路

号，作为电路的激励，经导线接至实验电路的输入端。

(3) 将示波器的两个测量通道（CH1 和 CH2）经两根同轴电缆线，连至激励信号 u_i 和电容的端电压 u_C。注意示波器探头的黑色夹子为“地”端，示波器两个通道探头的黑夹子和信号发生器双夹线的黑夹子要共地！调整示波器的时间灵敏度和幅度灵敏度到适当位置，观测电路激励 $u_i(t)$ 与响应 $u_C(t)$ 的变化规律，用坐标纸描绘激励与响应波形图。并使用示波器的光标在响应曲线上测量出时间常数 $\tau=$______。

【实验 4-3】*RC* 积分电路的观测（必做）

(1) 上述电路中，保持 $R=10\text{k}\Omega$，重新选取电容 $R=10\text{k}\Omega$，$C=0.1\mu\text{F}$，重复实验 4-2 步骤 (1)～(3)。

(2) 继续增大 C 值，定性地观察对响应的影响，并将观察结果记录在附录六上。

【实验 4-4】*RC* 微分电路的观测（必做）

(1) 选取 $R=510\Omega$，$C=0.01\mu\text{F}$，组成如图 4-2(b) 所示的微分电路。在同样的激励信号作用下，观测并描绘电路激励 $u_i(t)$ 与响应 $u_R(t)$ 的波形。

(2) 增减 R 值，定性地观察对响应的影响，并做记录。

【实验 4-5】使用 Multisim 软件进行正弦激励下 *RC*、*RL* 电路零状态响应的仿真研究（选做）

(1) 在 Multisim 软件中，选取 $R=1\text{k}\Omega$，$C=2\mu\text{F}$，搭建如图 4-1(a) 所示的

RC 电路。其中信号源设置为输出电压幅值为 10V、频率 $f=1\text{kHz}$、初相角为 5°的正弦电压信号。观测电路激励 $u_{\text{i}}(t)$ 与响应 $u_{\text{C}}(t)$ 的变化规律。将 $u_{\text{i}}(t)$ 与 $u_{\text{C}}(t)$ 的曲线打印粘贴在附录六相应位置；

(2) 在 Multisim 软件中，选取 $R=100\Omega$，$L=0.1\text{H}$，搭建 *RL* 串联电路。其中信号源设置为输出电压幅值为 10V、频率 $f=1\text{kHz}$、初相角为 −10°的正弦电压信号。观测电路激励 $u_{\text{i}}(t)$ 与响应 $i_{\text{L}}(t)$ 的变化规律。**注意：由于示波器只能观测电压信号，所以电流应该转换为监测电阻上的电压值。将 $u_{\text{i}}(t)$ 与 $u_{\text{R}}(t)$ 曲线打印粘贴在附录六相应位置。**

【实验 4-6】使用 Multisim 软件进行二阶 *RLC* 串联电路的仿真研究（选做）

在 Multisim 软件中，搭建电路如图 4-5 所示，其中 $R_1=10\text{k}\Omega$，$L=15\text{mH}$，$C=0.01\mu\text{F}$，R_2 为 10kΩ 可调电阻，信号源设置为输出电压幅值为 3V、频率 $f=1\text{kHz}$ 的方波信号。调节电阻 R_2 的值，使电路分别出现过阻尼、临界阻尼以及欠阻尼过渡过程。将各种阻尼下 $u_{\text{i}}(t)$ 与 $u_{\text{C}}(t)$ 的典型曲线打印粘贴在附录六相应位置。

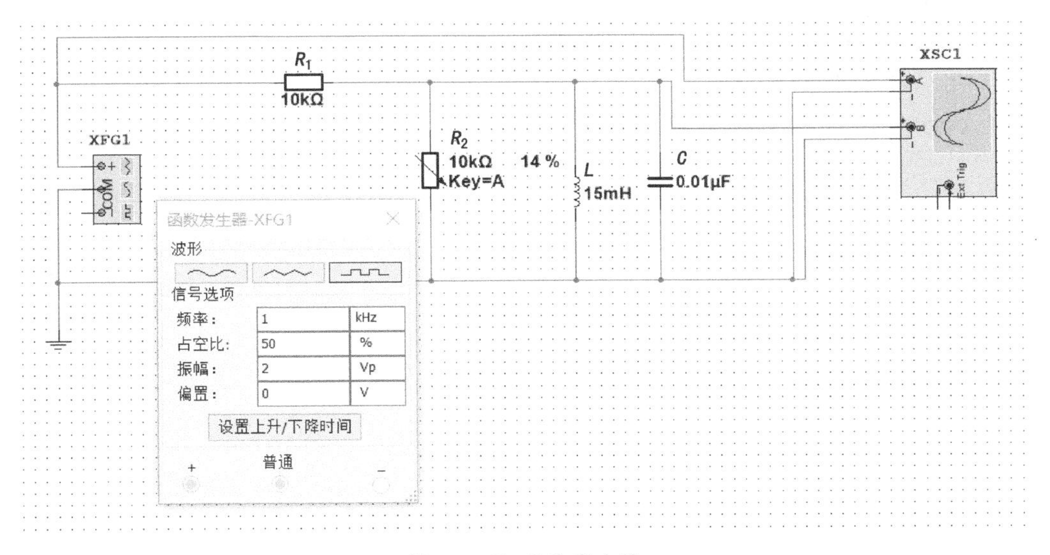

图 4-5　*RLC* 仿真电路

【实验 4-7】设计一个便携闪光灯电路（选做）

设计指标：两次闪光之间的时间不大于 10s。电源电压为 4 节 1.5V 电池，闪光灯上电压达到 4V 时导通，电压降到 1V 以下时停止导通。假设灯不导通时，电阻为无穷大；导通时，电阻为 20kΩ。

要求：

(1) 画出电路原理图，包括电阻、电容等元件参数，进行相关理论计算以证明可行性。

(2) 在 Multisim 软件中，进行相关仿真验证。

五、注意事项（Matters Needing Attention）

(1) 调节仪器各旋钮时，动作不要过快、过猛；

(2) 信号源的接地端与示波器的接地端要连在一起（称共地），以防外界干扰而影响测量的准确性；

(3) 信号源输出相应信号时，面板上使用通道相对应的 Output 按键一定要按下，否则没有信号输出。

六、实验报告要求（About Report）

(1) 根据实验观测结果，在坐标纸上绘出 RC 一阶电路充放电时的响应曲线，由曲线测得的时间常数，并与理论值比较，分析误差原因；

(2) 将实验观测结果绘制或者粘贴到附录六相应位置；

(3) 回答思考题；

(4) 在附录六上填写心得体会及建议。

实验五　RLC元件交流特性测量及研究

一、实验目标（Objectives）

（1）掌握电感 L 和电容 C 对交流信号的响应；

（2）理解复阻抗的物理意义及其测量方法；

（3）学习理解串联 RLC 电路的频率选择特性；

（4）学习测定并绘制电路幅频特性曲线的方法。

二、仪器及元器件（Equipment and Component）

（1）信号发生器；

（2）四通道示波器；

（3）差分探头；

（4）电阻、电容、电感及直流导线若干。

三、实验知识的准备（Elementary Knowledge）

1. 相关概念

（1）阻抗（Electrical Impedance）是电路中电阻、电感、电容对交流电的阻碍作用的统称。阻抗，定义为电压与电流的比率，一般表示为 $Z=R+\mathrm{j}X$ 或 $Z=|Z|\mathrm{e}^{\mathrm{j}\theta}$，是一个复数，实部称为电阻，虚部称为电抗。其中电容在电路中对交流电所起的阻碍作用称为容抗，电感在电路中对交流电所起的阻碍作用称为感抗，容抗和感抗合称为电抗。阻抗将电阻的概念延伸至交流电路领域，不仅描述电压与电流的相对振幅，也描述其相对相位。当通过电路的电流是直流电时，电阻与阻抗相等，电阻可以视为相位为零的阻抗。

阻抗的计算方法为：

$$\dot{Z}=\frac{\dot{V}}{\dot{I}}=\frac{|V|\angle\theta_V}{|I|\angle\theta_I}=\frac{|V|}{|I|}(\angle\theta_V-\angle\theta_I)=|Z|\angle\theta$$

阻抗的向量表示如图 5-1 所示。

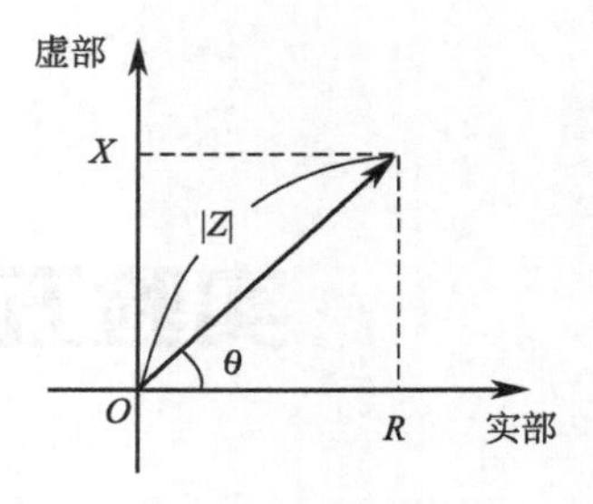

图 5-1 阻抗矢量示意

理想电阻的阻抗 Z_R 是实数：$Z_R=R$；其中，R 是理想电阻的阻值。

理想电容和理想电感的阻抗 Z_C、Z_L 都是虚数：$Z_C=1/j\omega C$，$Z_L=j\omega L$；其中，C 是理想电容的电容值，L 是理想电感的电感值。

假设通过电容的电流为 $i_C(t)$ 时电容两端的电压为 $v_C(t)$，则两者之间的关系为：由

$$Q(t)=Cv_C(t)，i(t)=\frac{dQ(t)}{dt}$$

得

$$i_C(t)=C\frac{dv_C(t)}{dt}$$

设

$$v_C(t)=V\sin\omega t$$

则

$$i_C(t)=C\frac{dv_C(t)}{dt}=\omega CV\cos\omega t=\omega CV\sin\left(\omega t+\frac{\pi}{2}\right)$$

电压与电流之比为

$$\frac{v_C(t)}{i_C(t)}=\frac{1}{\omega C}\cdot\frac{\sin\omega t}{\sin\left(\omega t+\frac{\pi}{2}\right)}$$

所以，电容的阻抗大小 $|Z_C|$ 为 $1/\omega C$，交流电压滞后于交流电流 $\pi/2$，即 90°，如图 5-2 所示。由电容的阻抗大小 $|Z_C|=1/\omega C$ 可知，频率越高，电容的阻抗越小，交流电越容易通过，即高通特性。

请自行推导电阻和电感的交流电压与交流电流相位之间的关系。

(2) 电路的幅频特性是描绘输入信号幅度固定、输出信号的幅度随频率变化而变化的规律。假设电路的系统函数 $h(t)$ 的傅里叶变化为 $H(\omega)$，那么电路的幅频特性曲线就是对不同频率下 $H(\omega)$ 的描绘。

(3) RLC 串联电路如图 5-3 (a) 所示，RLC 串联电路的阻抗为：

$$\dot{Z}=\frac{\dot{V}}{\dot{I}}=R+j\omega L+\frac{1}{j\omega C}$$

假设 RLC 电路两端的交流电压大小为 U，则 RLC 串联电路的电流大小为：

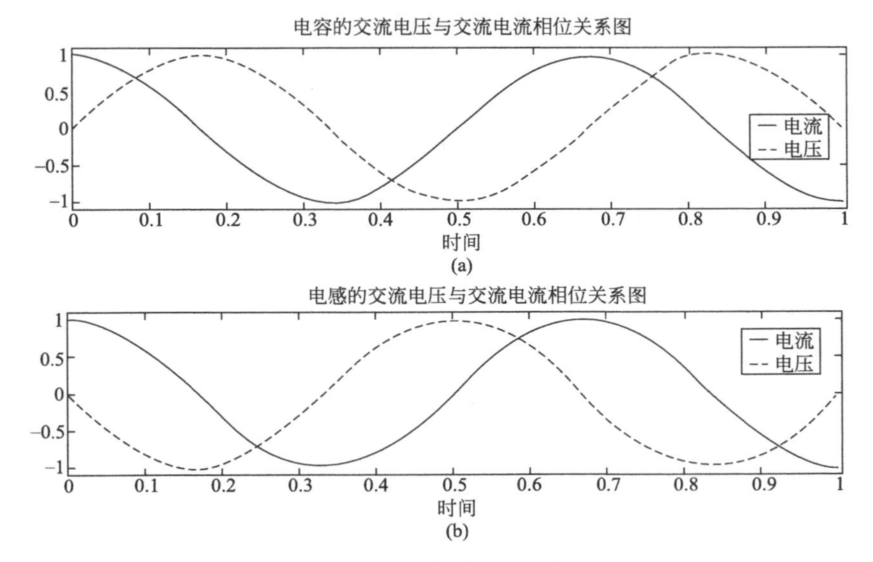

图 5-2　电容、电感 V-I 相位关系

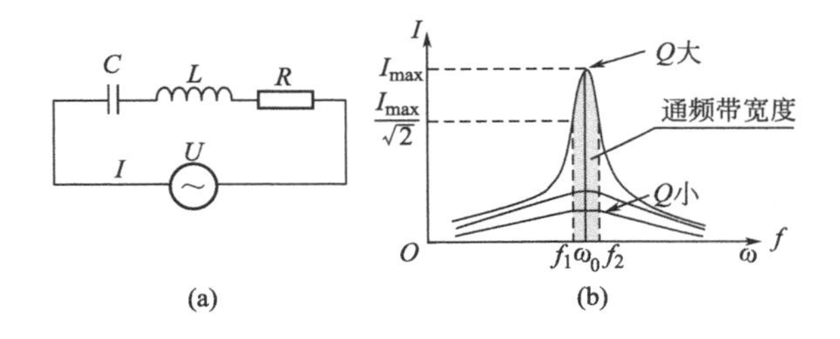

图 5-3　RLC 串联电路及其电流的频率响应

$$I=\frac{U}{|Z|}=\frac{U}{\sqrt{R^{2}+\left(\omega L-\frac{1}{\omega C}\right)^{2}}}$$

电压与电流的相位差为：

$$\theta=\arctan\frac{\omega L-\frac{1}{\omega C}}{R}$$

当 $\omega L-\frac{1}{\omega C}=0$ 时，即阻抗的电抗分量 $X=0$，$Z=R$，此时阻抗呈纯阻性，$|Z|$ 有一极小值，I 有一极大值，此时的角频率称为谐振角频率 ω_0，

$$\omega_0=\frac{1}{\sqrt{LC}}$$

当电路达到谐振时，RLC 电路的感抗和容抗在量值上相等，其值称为谐振电路的特性阻抗，用 ρ 表示：

$$\rho=\omega_0 L=\frac{1}{\omega_0 C}=\sqrt{\frac{L}{C}}$$

谐振时的感抗或容抗与电阻之比称为 RLC 谐振电路的品质因数，以 Q 表示，即

$$Q=\frac{1}{\omega_0 CR}=\frac{\omega_0 L}{R}=\frac{\rho}{R}$$

RLC 电路的幅频曲线如图 5-3(b) 所示，构成一个带通滤波器，Q 越大，通带 $\Delta f=f_2-f_1=\frac{f_0}{Q}$越窄，频率选择性越好，谐振曲线也越尖锐（即增益越高）。

2. 测量方法

对阻抗 Z 的测量方法有电桥法、I-V 法、自动平衡电桥法等。

(1) 电桥法。如图 5-4 所示的电路即所用的电桥电路，其中 $Z_1 \sim Z_3$ 已知，通过调整 $Z_1 \sim Z_3$，使得电流计 D 所得电流为零，此时 $V_a=V_b$，可得：

$$\frac{Z_x}{Z_1}=\frac{Z_3}{Z_2}$$

未知的阻抗 Z_x 通过以下公式求出：

$$Z_x=\frac{Z_1}{Z_2}Z_3$$

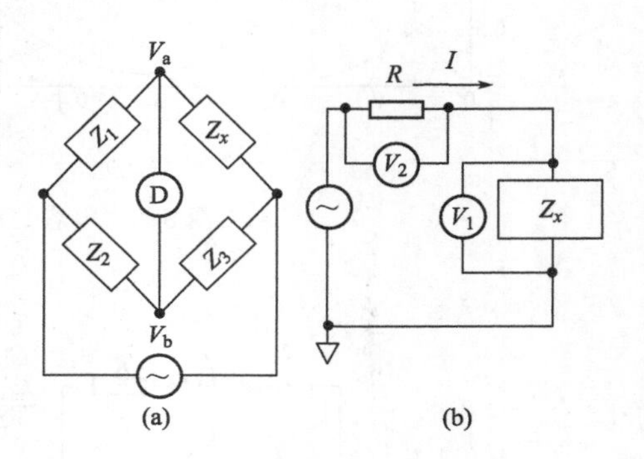

图 5-4　电桥法和 V-I 法测阻抗示意

(2) I-V 法。通过测量得到的电压和电流求出阻抗。

$$Z_x=\frac{V_1}{I}=V_1\frac{R}{V_2}$$

电路幅频特性的描绘可以使用描点法，即生成相同幅度不同频率的正弦波输入到电路的输入端，用示波器观察电路的输出波形，记录当前频率下输出波形的幅值（或峰峰值），将不同频率下输出波形的幅值连到一起得到的曲线即为电路的幅频特性曲线的定性描述。或者，使用函数信号发生器产生扫频信号，输入到电路的输入端，调整示波器的扫描周期与扫频信号的扫描周期同步，即可在示波器上得到一个扫频曲线，此扫频曲线的包络即为电路的幅频特性曲线的定性描述。

按照电路幅频特性曲线的描绘方法可以描绘 RLC 电路幅频特性的定性曲线。

四、实验内容及过程（Content and Procedures）

【实验 5-1】使用 Multisim 软件对电容和电感的交流电压与交流电流之间相位关系进行仿真（预习）

(1) 如图 5-5 所示，在 Multisim 软件中，设置信号源 XFG1 为输出电压幅

值为 5V、频率 $f=10\text{Hz}$ 的正弦电压信号，选取 $R=1\text{k}\Omega$，$C=1\mu\text{F}$，组成如图 5-5 所示的电路。通过示波器 XSC1 观察 A、B 两路波形，注重观察两路波形的幅值大小以及相位关系，将相位关系填在表 5-1 中，将 A、B 两路曲线画在坐标纸或者打印粘贴在实验报告相应位置，并在图中标注电压信号和电流信号。

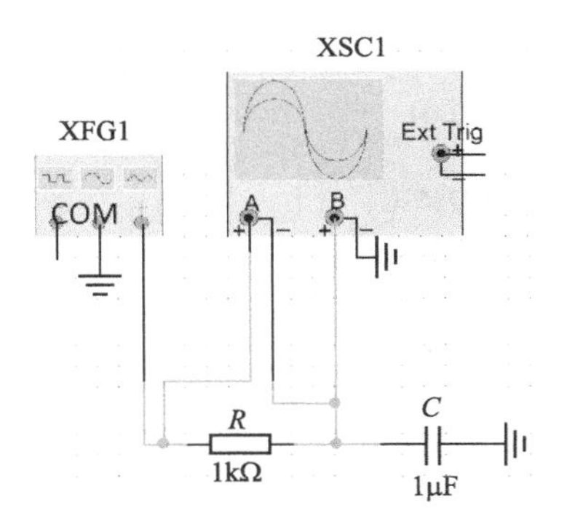

图 5-5　实验 5-1 电路

(2) 设置信号源 XFG1 为输出电压幅值为 5V、频率 $f=159.155\text{Hz}$ 的正弦电压信号，选取 $R=1\text{k}\Omega$，$C=1\mu\text{F}$，组成如图 5-5 所示电路。通过示波器 XSC1 观察 A、B 两路波形，注重观察两路波形的幅值大小以及相位关系，将相位关系填在表 5-1 中，将输入输出曲线画在坐标纸或者打印粘贴在附录六相应位置，并在图中标注电压信号和电流信号。

(3) 设置信号源 XFG1 为输出电压幅值为 5V、频率 $f=10\text{kHz}$ 的正弦电压信号，选取 $R=1\text{k}\Omega$，$C=1\mu\text{F}$，组成如图 5-5 所示电路。通过示波器 XSC1 观察 A、B 两路波形，注重观察两路波形的幅值大小以及相位关系，将相位关系填在表 5-1 中，将输入输出曲线画在坐标纸或者打印粘贴在实验报告相应位置，并在图中标注电压信号和电流信号。

(4) 将上述电容 C 元件换成电感 L，电感值为 1mH，重复以上 (1) ～ (3) 所述步骤，频率分别为 10kHz、159.155kHz 和 10MHz，将相位关系填在表 5-1 中，将结果画在坐标纸或者打印粘贴在实验报告相应位置，并在图中标注电压信号和电流信号。

【实验 5-2】使用 Multisim 软件对 *RLC* 的频率选择特性进行仿真（预习）

(1) 如图 5-6 所示，在 Multisim 软件中，设置信号源 XFG1 为输出电压幅值为 5V、频率 $f=159.155\text{kHz}$ 的方波电压信号，选取 $R=1\Omega$，$C=1\text{nF}$，$L=1\text{mH}$，组成如图 5-6 所示的电路。通过示波器 XSC1 观察 A、B 两路波形，注意观察两路信号的波形及频率；将频谱分析仪的开始频率设置为 1Hz，中心频率设置为 159.155kHz，末端频率设置为 1MHz，点击频谱分析仪上的输入完成设置，通过频谱分析仪（有些版本为光谱分析仪）观察 A、B 两路信号的频率成分。将 A、B 两路曲线和频率成分画在坐标纸或者打印粘贴在附录六相应位置，并在图中标注频率成分所对应的频率大小；

(2) 将步骤 (1) 中的信号源改成频率 $f=53.05\text{kHz}$ 的方波电压信号，其余不变。通过示波器 XSC1 观察 A、B 两路波形，注意观察两路信号的波形及频率；通

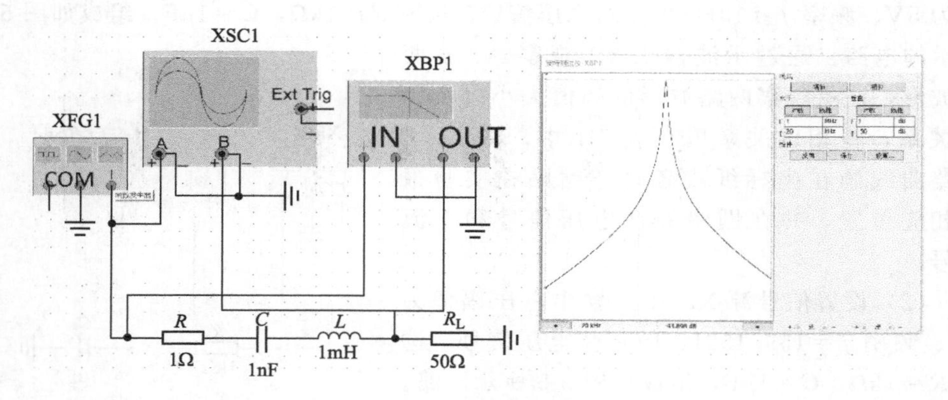

图 5-6　*RLC* 串联电路及其频率响应示意图

过频谱分析仪（有些版本为光谱分析仪）观察 A、B 两路信号的频率成分。将 A、B 两路曲线和频率成分画在坐标纸或者打印粘贴在附录六相应位置，并在图中标注频率成分所对应的频率大小；

(3) 将步骤 (1) 中的信号源改成频率 $f=477.465\text{kHz}$ 的方波电压信号，其余不变。通过示波器 XSC1 观察 A、B 两路波形，注重观察两路信号的波形及频率；通过频谱分析仪（有些版本为光谱分析仪）观察 A、B 两路信号的频率成分。将 A、B 两路曲线和频率成分画在坐标纸或者打印粘贴在附录六相应位置，并在图中标注频率成分所对应的频率大小；

(4) 将步骤 (1) 中的电阻分别取 $R=1\Omega$、$R=1\text{k}\Omega$ 和 $R=1\text{M}\Omega$。通过波特仪观察 *RLC* 电路的频率响应曲线。将步骤 (1) 和本步骤中所得的三条曲线画在坐标纸或者打印粘贴在附录六相应位置，并标明每条曲线峰值处的频率和 Q 值。

【实验 5-3】电容和电感的交流电压与交流电流之间相位关系的测量（必做）

(1) 从实验箱选取 $R=1\text{k}\Omega$，$C=1\mu\text{F}$ 组成图 5-5 所示电路，此时 *RC* 电路的固有频率为：________（要求有推导公式）。

(2) 调整信号发生器，使其输出电压幅值为 5V、按照表 5-2 中给出频率的正弦电压信号，作为电路的激励，接至实验电路的输入端。

(3) 将示波器的两个测量通道（CH1 和 CH2）经两个探头（CH1 需要用差分探头），按照图 5-5 中通道 A 和通道 B 的方式连接。**注意示波器探头的黑色夹子为“地”端，示波器两个通道探头的黑夹子和信号发生器双夹线的黑夹子要共地！**调整示波器的时间灵敏度和幅度灵敏度到适当位置，通过示波器对两路信号求相位差的功能得到 CH1 和 CH2 之间的相位差，将其填在表 5-2 中，并计算当前频率下电路的阻抗大小 $|Z|$ 和电流峰峰值 $I_{\text{p-p}}$。

(4) 将上述电容 C 改为 10mH 的电感 L，按照表 5-2 要求调整信号发生器的频率，重复上述操作，计算 RL 电路的固有频率为________（要求有推导公式），将得到的 CH1 和 CH2 之间的相位差填写在表 5-2 中，并计算当前频率下电路的阻抗大小 $|Z|$ 和电流峰峰值 $I_{p\text{-}p}$。

【实验 5-4】*RLC* 的频率选择特性（必做）

(1) 从实验箱选取 $R=100\Omega$，$C=1\mu F$，$L=10mH$ 组成图 5-6 所示电路，此时 RLC 电路的谐振频率为：________。

(2) 调整信号发生器，使其输出电压幅值为 5V。按照表 5-3 中给出频率的方波电压信号，作为电路的激励，接至实验电路的输入端。

(3) 将示波器的两个测量通道（CH1 和 CH2）经两个探头，按照图 5-6 中通道 A 和通道 B 的方式连接，观察两个通道信号的波形、波形峰峰值及频率，并计算当前频率下 RLC 电路的阻抗大小 $|Z|$（不含 R_O 及 R_L），填写在表 5-3 中。

(4) 选取 $R=1k\Omega$，$C=1\mu F$，$L=10mH$ 组成图 5-6 所示电路，重复上述步骤，将相关结果填写在表 5-4 中。

【实验 5-5】电路幅频特性曲线的绘制（必做）

(1) 从实验箱选取 $R=100\Omega$，$C=1\mu F$，$L=10mH$ 组成图 5-6 所示电路。

(2) 调整信号发生器的输出方式为扫频（Sweep），设置起始频率为 1Hz，终止频率为 1MHz、幅值 5V 的正弦波，频率步进和扫描周期自定，作为电路的激励，接至电路的输入端。

(3) 将示波器的 CH1 经探头按照图 5-6 中通道 B 的方式连接，调整示波器的扫描周期与扫频信号的扫描周期同步，观察示波器波形，尤其观察波形包络，测量包络峰值处的信号的近似频率，将包络曲线画在坐标纸或者打印粘贴在实验报告相应位置，并在图中标注包络峰值处对应的频率大小。

(4) 选取 $R=1k\Omega$，$C=1\mu F$，$L=10mH$ 组成图 5-6 所示电路，重复上述步骤，将包络曲线画在坐标纸或者打印粘贴在附录六相应位置，并在图中标注包络峰值处对应的频率大小。

【实验 5-6】对未知电路或负载的阻性、容性、感性成分的分析（选做）

在上述实验和一般低频应用中，我们对于电阻、电容和电感都可以按照理想元件来处理的，但是实际的元件中并不是纯电阻、纯电容或者纯电感，尤其在高频领域。以电阻为例，实际中电阻的等效模型如图 5-7 所示，其中 R 表示理想电阻，C_p 和 L_p 是由于制造工艺或者其他因素引入的寄生电容和寄生电感，所以，实际电阻的阻抗为：

$$Z_{\text{resistor, real}}=\frac{j\omega L+R}{(1-\omega^2LC)+j\omega RC}$$

实际中的电容和电感也有类似于图 5-7 的等效模型。

假定一个电路中同时含有 R、C 和 L 三种元件，但其数量和值的大小均未知，试用本实验所提到的方法，自行设计测量方法，测量未知电路中的 R、C 和 L 的成分及比例。在实验报告中阐述所设计的测量方法，将所设计的测量电路画在附录六相应位置，在图中标出所测的 R、C 和 L 的大小，要求有联立方程计算 R、C 和 L 的大小的过程。

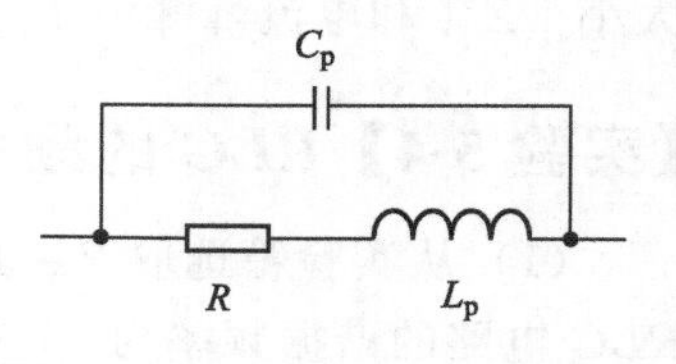

图 5-7　实际电阻等效模型

如果上述的 RLC 电路中 R、C 和 L 并非每种只有一个，讨论使用上述所设计的测量方法能否将每种 R、C 和 L 都分离开来，完全还原电路的实际结构及每种元件的参数，并说明理由。

【实验 5-7】使用 *RLC* 电路实现 50Hz 工频带阻滤波器（选做）

如图 5-6 所示的 RLC 电路结构，图中右侧的曲线为使用波特仪测得的 RLC 电路的幅频特性，可知此 RLC 电路可以构成带通滤波器，简单理解为信号频率在通带内的频率可以通过，而其余频率的信号均不可以通过。在实际过程中，工作电路中可能会因为某些因素引入 50Hz 的工频干扰，造成某些错误的结果。对于特定频率的干扰，一种想法是利用带阻滤波器将其从电路中滤除。请结合 RLC 串联电路的带通特性，设计一个使用 R、C 和 L 构成的带阻滤波器，阻带中心频率为 50Hz。画出电路结构图，列写公式说明为什么要使用此结构的电路。使用 Multisim 对所设计的电路进行仿真，使用 50Hz 的正弦电压信号作为电路输入，观察电路输出波形；使用频谱仪查看输入端和输出端信号频率成分的变化；使用波特仪分析电路的幅频特性，将阻带中心频率用波特仪自带的标尺标出，将所设计的电路及仿真结果画在或者打印后粘贴在附录六相应位置，标注滤波器的输入端和输出端。

五、注意事项（Matters Needing Attention）

（1）调节仪器各旋钮时，动作不要过快、过猛；

（2）信号源的接地端与示波器的接地端要连在一起（称共地），以防外界干扰而影响测量的准确性；

（3）信号源输出相应信号时，面板上使用通道相对应的 Output 按键一定要按下，否则没有信号输出。

（4）波特图仪使用时需要注意选择合适的 X 轴频率范围。另外，测量幅频特性时，按下对数（log）按钮后，Y 轴单位是 dB；测量相频特性时，Y 轴单位是度，刻度是线性。

六、实验报告要求（About Report）

（1）将实验观测结果绘制或者粘贴到附录六相应位置；

（2）回答思考题；

（3）在附录六上填写心得体会及建议。

实验六　单相交流电路实验

一、实验目标（Objectives）

（1）研究正弦稳态交流电路中电压、电流相量之间的关系；
（2）学习有功功率表的使用并掌握测算电感线圈等效参数的方法；
（3）学习日光灯线路的构成及接线；
（4）理解改善电路功率因数的意义并掌握其方法。

二、仪器及元器件（Equipment and Component）

（1）交流实验挂箱；
（2）交流电压表、交流电流表及功率表；
（3）白炽灯泡、镇流器；
（4）电阻、电容、电感及交流导线若干。

三、实验知识的准备（Elementary Knowledge）

1. 相关概念

交流电（alternating current，AC）发明者是尼古拉·特斯拉（Nikola Tesla，1856—1943）。交流电也称“交变电流”，简称“交流”，一般指大小和方向随时间作周期性变化的电压或电流。交流电可以有效传输电力。交流电的最基本的形式是正弦电流。也有应用其他的波形，如三角形波、正方形波。生活中使用的工频电就是具有正弦波形的交流电。我国交流电供电的标准频率规定为50Hz，日本等国家为60Hz。

2. 相关方法

相量法、相量图法、电路定律、功率因数提高的方法。

3. *RC* 串联电路的移相作用

RC 串联电路如图 6-1(a) 所示，电路的相量图如图 6-1(b) 所示。

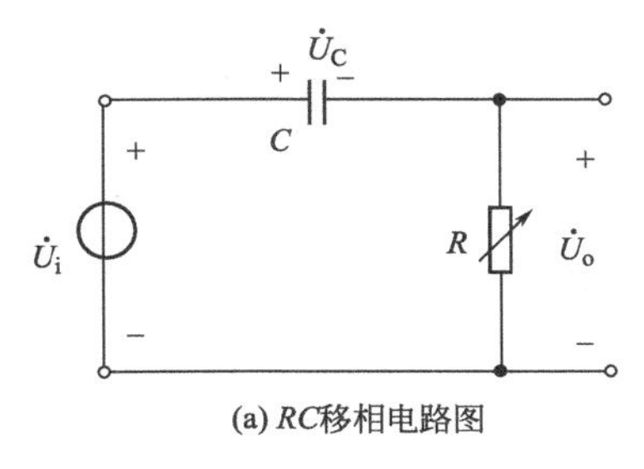

(a) *RC*移相电路图

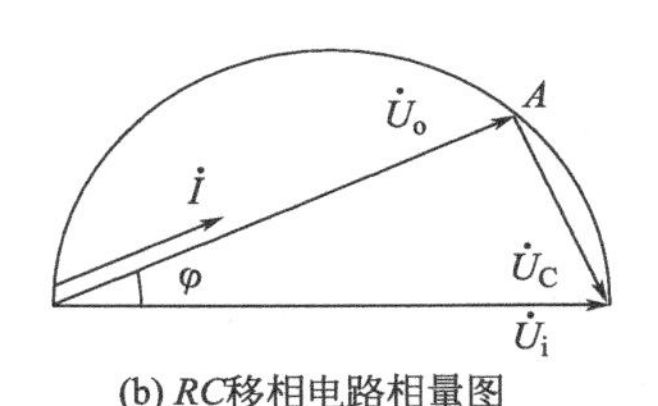

(b) *RC*移相电路相量图

图 6-1　*RC* 移相电路

RC 串联电路的输入电压若是正弦信号，从相量图可以看出，输出电压的相位总是超前输入电压相位 φ 角。如果保持输入电压大小不变，则当改变电源频率或电路参数 R 或 C 时，φ 角都将改变，而且 A 点的轨迹是一个半圆。同理，以电容电压作为输出电压时，输出电压相位滞后输入电压一个 φ 角。因此，输出电压较输入电压都具有移相作用，*RC* 串联电路的这种作用称阻容移相。

四、实验内容及过程（Content and Procedures）

【实验 6-1】*RC* 串联电路（必做）

（1）将交流电压表接在三相电源的单相电压之间以监视调压器的输出电压。按下绿色交流电源开关，调节调压器的输出，使输出交流相电压为 0。**按下红色按钮，将交流电源关断。**

（2）如图 6-2 所示，搭建 *RC* 串联电路，其中电阻 R 由一只灯泡（220V，25W）负载构成，电容 C 选用 4.7μF。

（3）检查线路无误后，按下**绿色交流电源开关**，调节调压器的输出，使输出交流相电压由 0 缓慢增加至 220V。

（4）用交流电压表分别测量电源电压、电阻电压和电容两端的电压的有效值 U、U_R、U_C，数据填入表 6-1 中。

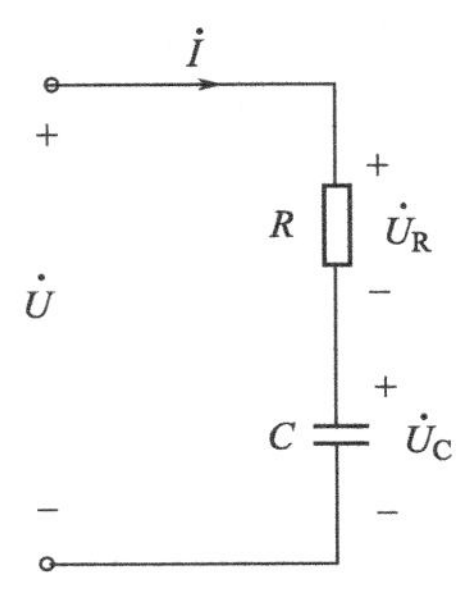

图 6-2　*RC* 串联电路

【实验 6-2】使用 Multisim 软件进行 *RC* 串联电路移相作用的仿真研究（选做）

（1）在 Multisim 软件中如图 6-1（a）所示，搭建 *RC* 串联电路。其中正弦交流电源信号幅值为 2V，频率 $f=1\text{kHz}$。电阻 R 为 10kΩ 的可调电位器，电容 C 选用 0.022μF。

（2）保持信号源频率和电容值不变，改变电阻 R 的阻值 5 次，分别测量电源电压、电阻电压和电容两端的电压的有效值 U、U_R、U_C，数据填入表 6-2 中。用示波器的两个通道同时观察输入、输出电压的波形及其移相角随电阻值变化而改变的现象。

（3）仍以电阻两端电压作为输出电压，保持信号源频率和电阻值不变，改变电容值，用示波器的两个通道同时观察输入、输出电压的波形及其移相角随电容值变化而改变的现象，并设计一个记录电容值变化时各部分电压测量结果的实验数据表格，测量 4～5 次。

（4）原电路结构保持不变，改变信号源的频率，用双踪示波器的两个通道同时观察输入、输出电压的波形及其移相角随信号频率变化而改变的现象，并设计一个记录信号源频率变化时各部分电压测量结果的实验数据表格，测量 4～5 次。

【实验 6-3】*RC* 并联电路（必做）

（1）选择 R、C 元件同实验 6-1，电阻 R 由一只灯泡（220V，25W）负载构成，电容 C 选用 4.7μF，搭建 RC 并联电路。

（2）检查线路无误后，按下绿色交流电源开关。

（3）用交流电流取样插头分别测量总电流、电阻电流和电容上的电流的有效值 I、I_R、I_C，数据填入表 6-3 中。（*注意：务必和直流电流取样插头分清！*）

【实验 6-4】电感线圈（日光灯镇流器）等值参数的测量（选做）

（1）按图 6-3 连接电路，电源电压有效值为 220V，本实验中日光灯灯管和启辉器由一只白炽灯泡（220V，25W）代替。

（2）测量各电压、电流、功率和功率因数等数据并填入表 6-4 中。

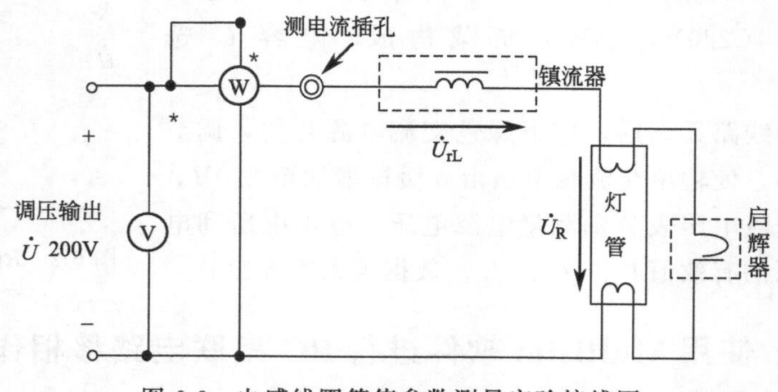

图 6-3 电感线圈等值参数测量实验接线图

(3) 计算镇流器（电感线圈）的等值参数 r 及 L。

【实验 6-5】功率因数提高实验（必做）

实验电路如图 6-4 所示，改变电容值分别为 0.47μF、1μF、4.7μF。重复测量各电压、电流、功率和功率因数等数据，将测量数据填入表 6-5。

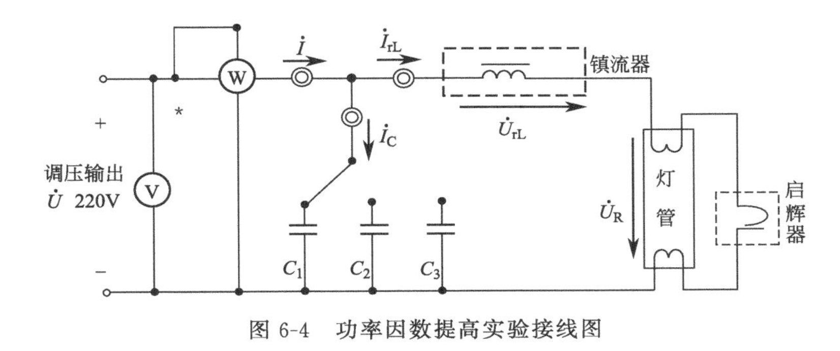

图 6-4　功率因数提高实验接线图

五、注意事项（Matters Needing Attention）

(1) 在测电流时，为安全起见（防止过大启动电流损坏电流表），要求用电流表的地方，全用电流插孔连接。

(2) 测功率时，要分清功率表的电压线圈和电流线圈。电压线圈要并联在被测电路两端，而电流线圈要接电流插头，测量时把插头插在被测功率的线路中串接的电流插孔中。

(3) 在做功率因数提高实验时，仔细观察电路总电流的变化规律，作好记录。

六、实验报告要求（About Report）

(1) 回答思考题。

(2) 画出 RC 串联电路中电压的相量图，用实验数据验证各电压间的关系。并将 U_R、U_C 的测量值与理论值进行比较，简单分析产生误差原因。

(3) 画出 RC 并联电路电流的相量图，用实验数据验证各电流间的关系。并将 I_R、I_C 的测量值与理论值进行比较。

(4) 根据图 6-3 电路（$f=50\text{Hz}$）所测得的 P、U、I、U_R、U_{rL} 计算出镇流器的等值参数 r、L 及灯管等效电阻 R，画出电路各元件电压之间的相量图（以电流为参考相量）。

有三种计算等效参数 r、L 和 R 的方法供参考。

① 用三压法（U、U_R、U_{rL}）计算：由余弦定理根据三个电压测量值，确定电

路的功率因数角，再进一步计算。

② 由功率守恒计算：即电路总的有功功率等于 R 和 r 所吸收的功率。

③ 由所测得的功率因数 $\cos\varphi$ 及电路的相量关系求得 r，再进一步计算 L。

（5）论述改善电路功率因数的意义和方法。

（6）心得体会及建议。

实验七　三相交流电路的研究

一、实验目标（Objectives）

（1）学习用电设备三相供电线路的正确连接方法。

（2）验证三相对称负载 Y 接和△接时，相线电压、相线电流之间的关系。

（3）了解三相不对称负载 Y 接和△接时，各相负载电压及电流的变化情况。

（4）了解三相四线制供电系统的特点及中线的作用。

二、仪器及元器件（Equipment and Component）

（1）交流电路实验箱。

（2）交流调压器、交流电压表及交流电流表。

（3）交流电流取样插头。

（4）交流导线若干。

三、实验知识的准备（Elementary Knowledge）

（1）在三相电路中，三相电源和三相负载可分别连接成 Y 接和△接，Y 接又可分为三相三线制（Y）和三相四相制（Y_0），当三相负载不对称时，如：居民用电，则必须采用三相四线制供电，以保证负载相电压对称。

（2）三相对称电源：三相电压大小相等，相位互差 120°。

三相对称负载：三相负载阻抗模相等，阻抗角也相等。

（3）三相对称电源和三相负载相连接时，在各种负载情况下，负载的线电压 $\dot{U}_L$ 和相电压 $\dot{U}_P$ 及线电流 $\dot{I}_L$ 和相电流 $\dot{I}_P$ 关系如下表所示。

各种负载连接方式线相电压电流关系表

三相电源或负载		线电压 $\dot{U}_L$ 和相电压 $\dot{U}_P$ 关系	线电流 $\dot{I}_L$ 和相电流 $\dot{I}_P$ 关系
对称负载	Y 接线	数值关系：$U_L=\sqrt{3}U_P$ 相位关系：$\dot{U}_L=\sqrt{3}\dot{U}_P\angle 30°$	$\dot{I}_L=\dot{I}_P$
	Y_0 接线	数值关系：$U_L=\sqrt{3}U_P$ 相位关系：$\dot{U}_L=\sqrt{3}\dot{U}_P\angle 30°$	$\dot{I}_L=\dot{I}_P$ 中线电流 $\dot{I}_N=0$
	△接线	$\dot{U}_L=\dot{U}_P$	$I_L=\sqrt{3}I_P$ $\dot{I}_L=\sqrt{3}\dot{I}_P\angle -30°$
不对称负载	Y 接线	相电压不对称	相电流不对称
	Y_0 接线	各相电压对称	相电流不对称 中线电流 $\dot{I}_N\neq 0$
	△接线	相电压不对称	相电流不对称

(4) 中线的作用：使电源中线“N”点与负载公共端“0”点的电位相等，从而使 Y 接不对称负载的相电压与电源相对应的各相电压相等。当电源电压对称时，三相负载电压也将是对称的。

(5) 三相电路的功率测量可采用一表法、两表法和三表法。

① 一表法（或单瓦计法）：对于三相对称负载，只要用一块有功功率表测量出一相电路的功率，然后将其读数乘以 3 就是三相电路的总功率；对于三相不对称负载，用一块功率表分别测量每相负载的功率，然后叠加起来，即为三相电路的总功率。

② 两表法：对于三相△接或无中线 Y 接负载，以三相电路中任一线为公共相，用两块功率表测另两线与公共相之间的功率后叠加起来，即为三相电路的总功率。

四、实验内容及过程（Content and Procedures）

【实验 7-1】使用 Multisim 软件进行三相负载 Y 接仿真分析（预习）

(1) 在 Multisim 软件中，选取工频交流电压源，额定功率为 15W 的白炽灯三组，连接如图 7-1 所示电路。

(2) 正确接入电压表和电流表，J1 打开，J2 、J3 闭合，测量对称星形负载在三相四线制（有中性线）时各线电压、相电压、相（线）电流和中性线电流、中性点位移电压。记入表 7-1 中。

(3) 打开开关 J2，测量对称星形负载在三相三线制（无中性线）时电压、相电压、相（线）电流、中性线电流和中性点位移电压，记入表 7-1 中。

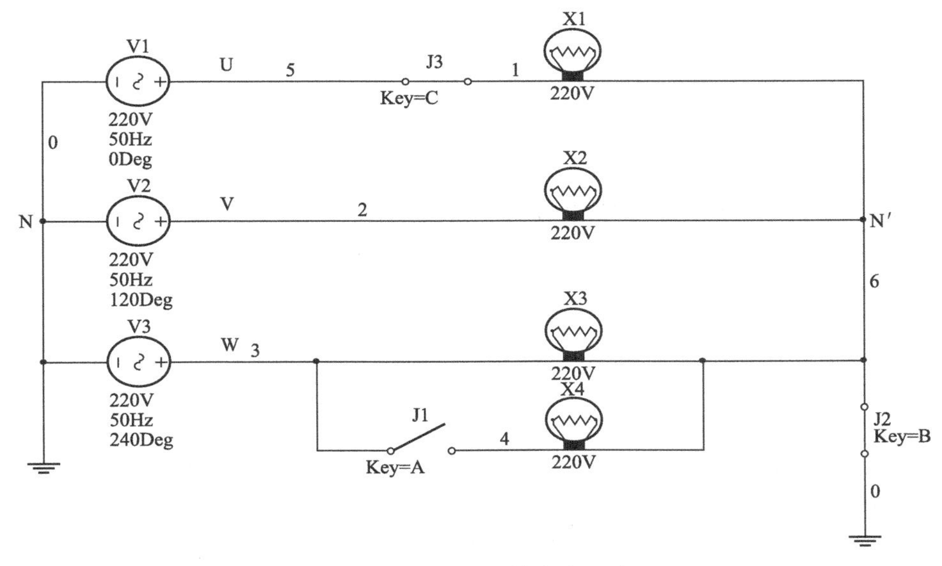

图 7-1　三相负载 Y 接实验电路图

(4) 正确接入电压表和电流表，J1 闭合，J2 、J3 闭合，测量不对称星形负载在三相四线制（有中性线）时各线电压、相电压、相（线）电流和中性线电流、中性点位移电压。记入表 7-1 中。

(5) 打开开关 J2，测量不对称星形负载在三相三线制（无中性线）时各线电压、相电压、相（线）电流、中性线电流和中性点位移电压，记入表 7-1 中。

(6) 根据测量数据分析三相对称星形负载连接时电压、电流“线量”与“相量”的关系。

【实验 7-2】三相负载 Y 接（必做）

本实验中三相电源线电压为 220V。因为本实验中三相负载是交流电路实验箱上额定电压是 220V 的白炽灯，当负载是 Y 接时，电源线电压若为 380V，则负载的相电压为 220V，白炽灯工作在额定值；但若电源线电压仍为 380V，而负载改为△接时，负载的相电压就等于电源的线电压 380V，则将白炽灯烧坏。

本实验负载为三相灯箱负载，每相由 1～3 个电灯并联，各相负载的接线端分别为 U、V、W。根据每相灯泡接通的个数相同或不同，构成三相对称或不对称负载。

实验前首先通过调压手柄将电源的线电压调到 220V（即相电压为 127V），按图 7-2 接线，根据表 7-2 的要求按顺序进行实验，并测量相应数据填入表 7-2 中。

说明：(1) 三相负载的接线端（首端）为 U、V、W，尾端为实验箱上黑色接线端“N”端，三相负载的尾端连接在一起，为负载的中性点（公共端），在图 7-2

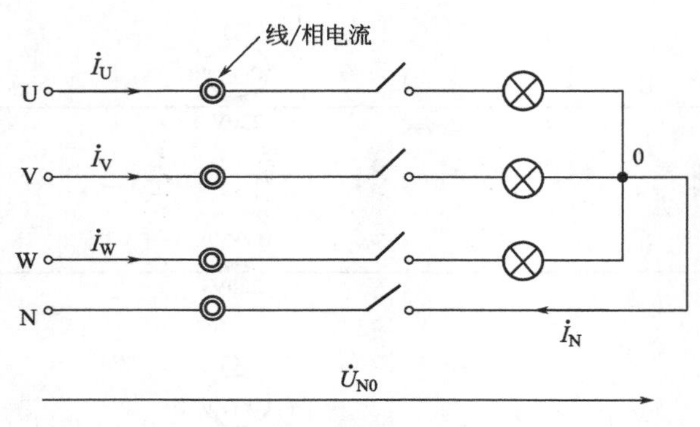

图 7-2　三相负载 Y 接

中标号为“0”端（为了与电源的中性点“N”区分开）。

(2) 表 7-2 中中线电流 I_N 为中线的电流。（中线：三相电源的中性点“N”与三相负载的中性点“0”之间的连接线。）

(3) 负载“Y”接：三相电源的中性点“N”与三相负载的中性点“0”之间没有连接线，即图 7-2 中中性线的开关断开。

(4) 负载“Y_0”接：三相电源的中性点“N”与三相负载的中性点“0”之间有连接线，即图 7-2 中中性线的开关闭合。

【实验 7-3】三相负载△接（必做）

按图 7-3 接线，三相电源的线电压仍为 220V（即相电压为 127V）。分别测量负载对称和不对称情况下的线（相）电压和线（相）电流，记入表 7-3 中。

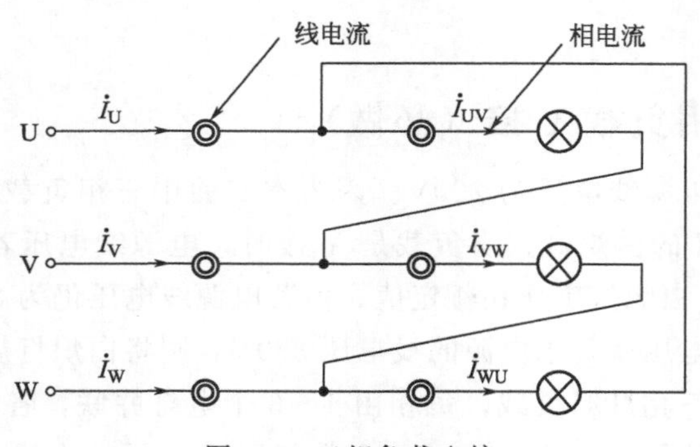

图 7-3　三相负载△接

说明：(1) 三相负载△接时，U、V、W 三相负载首尾依次连接，即为△接，然后再由各相负载首端引出端线，经测线电流的插孔接到调压器手柄右侧的三相电源端；

(2) 测三个相电流的插孔，用交流电路实验箱灯泡引出端上的电流插孔（已接好线）；而测线电流的电流插孔，用实验箱左侧竖着的三个备用电流插孔。将测量数据填入表 7-3 中。

【实验 7-4】三相功率的测量（必做）

（1）保持实验 7-3 中电路结构不变，三相对称负载依然按△接。用两块功率表测量三相负载（见表 7-4 所示负载情况）的总功率，电路如图 7-4 所示。三相电源的线电压为 220V。

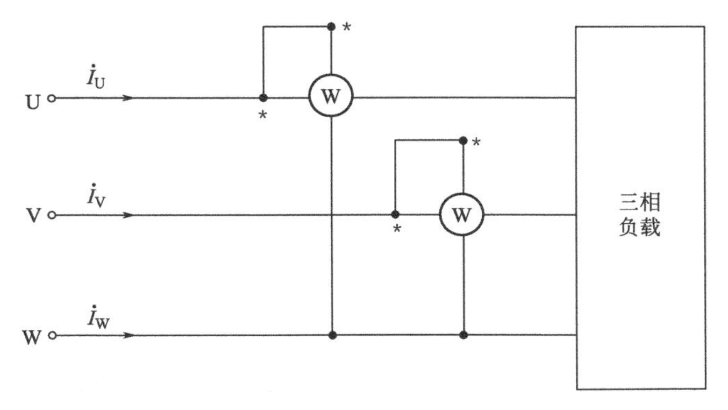

图 7-4　两表法测三相功率电路

（2）三相不对称负载△接线时，电路如图 7-4 所示。用两块功率表测量该电路的三相总功率，数据填入表 7-4 中。三相电源的线电压为 220V。

（3）三相对称负载 Y_0 接线时，电路图如图 7-5 所示。用一块功率表测该电路的三相总功率，数据填入表 7-5 中。三相电源的线电压为 220V。

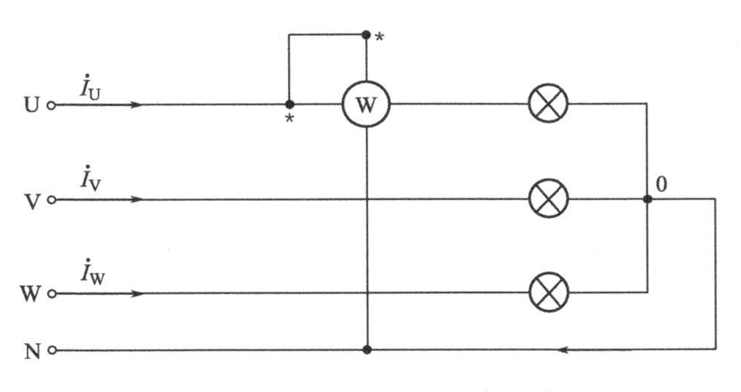

图 7-5　一表法测电路功率电路

（4）三相不对称负载 Y_0 接线时：用一块功率表分别测量每相负载的功率，数据填入表 7-5 中。三相电源的线电压为 220V。

【实验 7-5】三相相序测量（选做）

按图 7-6 接线，直接接入线电压为 220V 的三相交流电源，观察灯光明亮状态，作好记录。

将任意两根电源线对调，再接入电路，观察灯光明亮状态，并指出三相交流电路的相序。

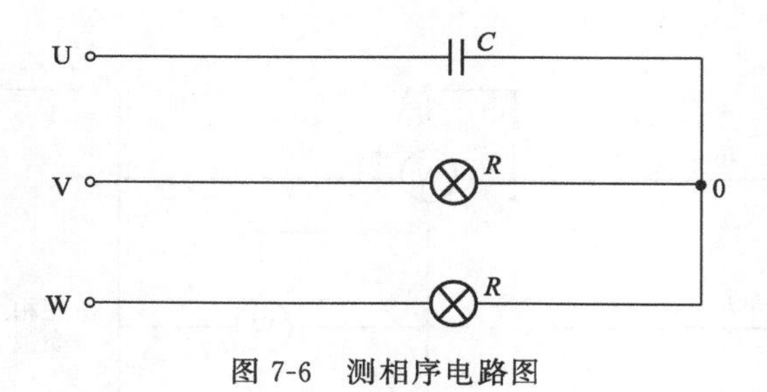

图 7-6　测相序电路图

五、注意事项（Matters Needing Attention）

（1）接通电源前，先将线路检查无误后，方可接通电源；

（2）必须在断电状态下进行接线、拆线；

（3）注意功率表的接线方式，电压表和电流表的量程选择；

（4）本实验中不加无功负载，注意将交流电路实验箱上电容的开关断开。

六、实验报告要求（About Report）

（1）用实验数据验证 Y 接以及△接时，对称三相电路中线相电压、线相电流的关系；

（2）说明不对称的三相负载能否正常工作；

（3）根据实验数据绘制 Y 接时对称以及不对称负载情况下的线、相电压相量图；

（4）回答思考题。

第二部分　模拟电子技术实验

实验八　直流稳压电源

一、实验目标（Objectives）

（1）加深理解二极管整流、滤波稳压电路的工作原理；

（2）进一步认识并联稳压电路中各元件的作用；

（3）学习三端集成稳压器的使用方法。

二、仪器及元器件（Equipment and Component）

（1）双踪示波器（一台）；

（2）数字万用表（一块）；

（3）直流稳压电源（一台）；

（4）实验电路板（一块）；

（5）面包板（一块）；

（6）模电实验箱。

三、实验知识的准备（Elementary Knowledge）

稳压二极管（voltage stabilizing diode）又称为齐纳二极管，是通过PN结反向击穿后，其两端电压基本维持在一稳定电压值U_Z，需串接一限流电阻使流过稳压二极管的电流在正常工作范围，此时稳压二极管在电路中起稳定电压的作用。表贴稳压二极管如图 8-1 所示。

现在三端集成稳压器具有体积小、稳定性高、使用简便、价格低廉等优点，应用非常广泛，可分为固定输出电压（CW78×××系列、CW79×××系列）和可调式输出电压的 CW×17 系列（输出正电压）和 CW×37 系列（输出负电压），可调式三端集成稳压器的稳定性能要优于固定式的。CW78×××系列是三端固定正输出的集成稳压器，CW79×××系列是三端固定负输出的集成稳压器，输出电压有 5V、6V、9V、12V、15V、18V 和 24V 等，如 CW78L05 表示输出电压为＋5V 的三端集成稳压器，且输出电流为 0.1A。型号最后两位数表示输出电压值，型号中间一位英文字母表示输出电流，L 表示 0.1A，M 表示 0.5A，无字母为 1.5A。封装有 3 个管脚，常用三端集成稳压器 CW7805 图片见图 8-1。CW78×××系列集成稳压器的三端管脚：1 脚接输入端，2 脚接地，3 脚接输出端。CW79×××系列集成稳压器的三端管脚：1 脚接地，2 脚接输出端，3 脚接输入端。

图 8-1 表贴稳压二极管及集成稳压器 CW7805 图片

四、实验内容及过程（Content and Procedures）

【实验 8-1】使用 Multisim 软件进行整流电路仿真分析（预习）

1. 半波整流电路

按照图 8-2 要求连好电路图，设定好相关参数，点击运行，测量变压器副边交流电压（AC＋）的有效值及整流电压（ZL）的有效值，填入表 8-1。使用示波器观察记录波形。

2. 全波整流电路

按照图 8-3 要求连好电路图，设定好相关参数，点击运行，测量变压器副边交流电压（AC＋）的有效值及整流电压（ZL）的有效值，填入表 8-2。使用示波器观察记录波形。

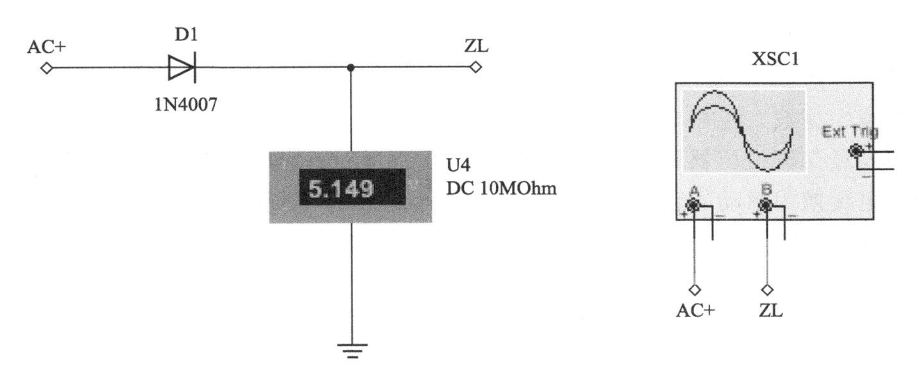

图 8-2　半波整流电路接线图

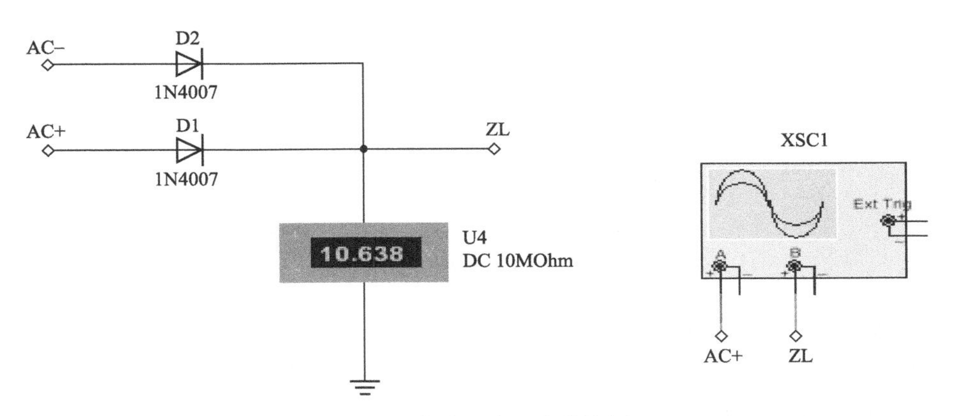

图 8-3　全波整流电路接线图

3. 桥式整流电路仿真

按照图 8-4 要求连好电路图，设定好相关参数，点击运行，测量变压器副边交流电压（AC+）的有效值及整流电压（ZL）的有效值，填入表 8-3。使用滤波器观察记录波形。

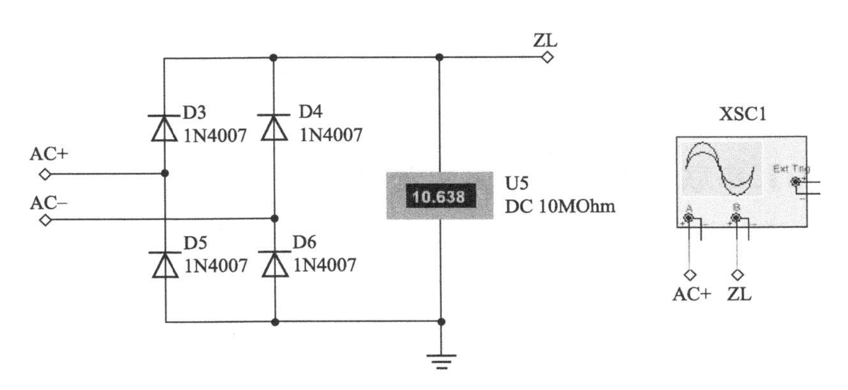

图 8-4　桥式整流电路接线图

【实验 8-2】整流滤波电路实验（必做）

整流、滤波、稳压电路构成的直流电路实验电路如图 8-5 所示，220V 正弦交流电源经过交流变压器降到有效值 8V 或 10V，经整流桥（4 个整流二极管构成）将交流电转换为脉动的直流电，再经电解电容滤波后，加到限流电阻和稳压二极管和负载两端。利用开关 S_1、S_2、S_3 的断开与接通完成以下实验操作内容，并将观察波形和测量数据分别填入表 8-4 中。

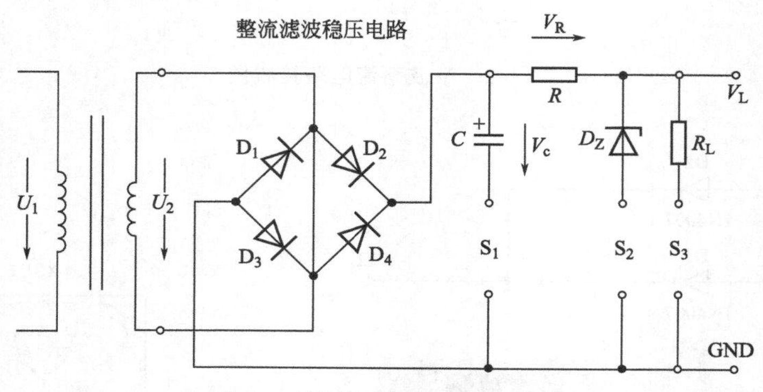

图 8-5　整流、滤波、稳压电路

1. 单相桥式整流电路

用示波器观察交流电源电压 U_2、电容正极与地之间电压 V_C 及整流桥二极管 D_1 两端电压 U_D 的波形（思考：为什么 $V_C<0.9U_2$）。用万用表的交直流电压挡分别测量 U_2、V_C 的值，将测量数据填入表 8-4 中。

2. 电容滤波电路

用示波器观察滤波电容两端的电压 V_C 及负载电压 V_L 的波形。用万用表测量此时的 V_C 值并与第 1 步中的数值对比。然后将负载电阻 R_L 断开，观测 V_C 的波形和数值，将测量数据填入表 8-4 中，思考 R_L 断开时，V_C 所显示波形的原因。

3. 并联稳压电路

分别用示波器和万用表观察和测量 V_C、V_R、V_L 的波形和电压值，将测量数据填入表 8-4 中。

【实验 8-3】串联型稳压电路性能测试实验（选做）

切断工频电源，在图 8-5 基础上按图 8-6 连接实验电路。

1. 初测

稳压器输出端负载开路，接通 16V 工频电源，测量整流电路输入电压 U_2，滤波电路输出电压 U_I（稳压器输入电压）及输出电压 U_O。调节电位器 R_W，观察 U_O 的大小和变化情况，如果 U_O 能跟随 R_W 线性变化，这说明稳压电路各反馈环路工

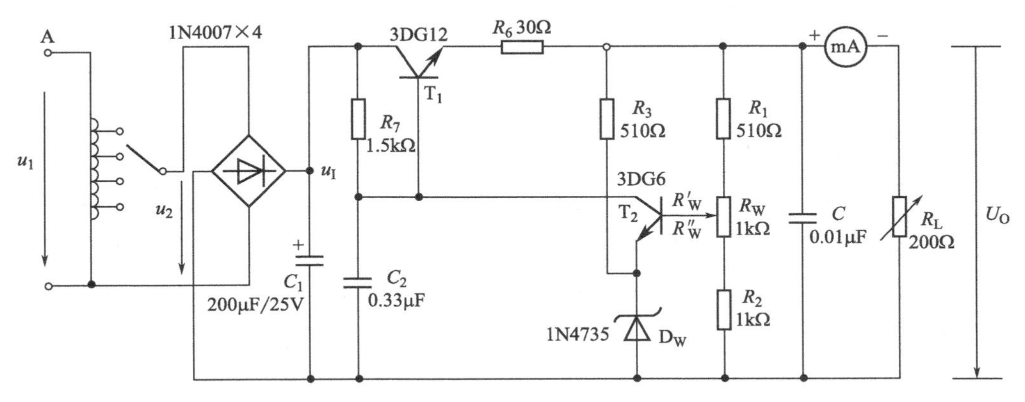

图 8-6　串联型稳压电路原理图

作基本正常。否则，说明稳压电路有故障，因为稳压器是一个深负反馈的闭环系统，只要环路中任一个环节出现故障（某管截止或饱和），稳压器就会失去自动调节作用。此时可分别检查基准电压 U_Z，输入电压 U_I，输出电压 U_O，以及比较放大器和调整管各电极的电位（主要是 U_{BE} 和 U_{CE}），分析它们的工作状态是否都处在线性区，从而找出不能正常工作的原因。排除故障以后就可以进行下一步测试。

2. 测量输出电压可调范围

接入负载 R_L（滑线变阻器），并调节 R_L，使输出电流 $I_O \approx 100\text{mA}$。再调节电位器 R_W，测量输出电压可调范围 $U_{Omin} \sim U_{Omax}$。且使 R_W 动点在中间位置附近时 $U_O = 12\text{V}$。若不满足要求，可适当调整 R_1、R_2 之值。

3. 测量各级静态工作点

调节输出电压 $U_O = 12\text{V}$，输出电流 $I_O = 100\text{mA}$，测量各级静态工作点，记入表 8-5。

4. 测量稳压系数 S

取 $I_O = 100\text{mA}$，按表 8-6 改变整流电路输入电压 U_2（模拟电网电压波动），分别测出相应的稳压器输入电压 U_I 及输出直流电压 U_O，记入表 8-6。

5. 测量输出电阻 R_O

取 $U_2 = 16\text{V}$，改变滑线变阻器位置，使 I_O 为空载、50mA 和 100mA，测量相应的 U_O 值，记入表 8-7。

6. 测量输出纹波电压

取 $U_2 = 16\text{V}$，$U_O = 12\text{V}$，$I_O = 100\text{mA}$，测量输出纹波电压 U_O，记录之。

五、注意事项（Matters Needing Attention）

（1）使用万用表测量实验电路中电压时，注意万用表的直流和交流挡位的正确选择，整流桥是交流和直流的转换点。

（2）接入三端集成稳压器时一定分清引脚及其作用，避免接错，烧坏芯片。

六、实验报告要求（About Report）

（1）复习理论课中所学的直流稳压电源整流、滤波及稳压环节的基本原理；

（2）估算出各项实验内容中电压的理论数值及波形图，以便与实验值相比较；

（3）在坐标纸上画出各实验内容中要求观察的波形图；

（4）回答思考题。

实验九　二、三极管的认知及单管共射放大电路的研究

一、实验目标（Objectives）

（1）学会用万用表判断二极管、三极管管脚极性和管子质量好坏；

（2）掌握常用二极管伏安特性及测试方法；

（3）进一步理解基本放大电路的工作原理，掌握放大电路静态工作点的调整方法和对放大电路性能的影响；

（4）学习用示波器观测放大电路最大不失真输出电压的方法，观测负载电阻 R_L 对电压放大倍数的影响，并计算电压放大倍数；

（5）运用本实验所学知识设计相关电子电路。

二、仪器及元器件（Equipment and Component）

（1）可调直流稳压电源；

（2）毫安表；

（3）数字万用表；

（4）二极管、三极管、电阻及导线等；

（5）模电实验箱、信号发生器、双踪示波器。

三、实验知识的准备（Elementary Knowledge）

1. 二极管的极性和质量好坏的检测方法

质量好坏检测： 将数字万用表的量程转到二极管测量挡，两表笔任意连接二极管两管脚，测其电阻值；交换表笔再测一次。两次测量阻值结果如果一次阻值小

(300～800Ω)，一次阻值大（显示“1”表明无穷大阻值），说明二极管质量完好，具有单向导电性，而且正向电阻越小，反向电阻越大，说明二极管质量越好。如果正反向电阻相差不大则为劣质管；若正反向电阻都是零或都是无穷大，则可判断二极管已损坏。

极性检测： 将数字万用表量程设置在测二极管位置，数字万用表测得阻值小所对应的红（+）表笔所接一端为二极管的正极。

2. 三极管的极型和管脚的判别方法

将数字万用表量程设置在测二极管位置，用红表笔任意接一管脚，黑表笔测其他两管脚，若都显示在300～800Ω左右，则此管为NPN型三极管，红表笔接的为b极，显示数值大的管脚为e极，显示数值小的管脚为c极；同样，黑表笔任接一管脚，红表笔测其他两管脚，若都显示300～800Ω左右，则此管为PNP型三极管，黑表笔所接管脚为b极，且显示值大的管脚为e极，显示小的为c极。

四、实验内容及过程（Content and Procedures）

【实验9-1】二、三极管的极性及质量判断、测量（必做）

1. 二极管正、反向电阻测量及二极管质量检测实验

用万用表电阻挡测量硅二极管、发光二极管的正向电阻和反向电阻，并按照前面所述二极管质量检测方法判断后，将测量数据及判断结果记录在表9-1中。

2. 学习用数字万用表判断三极管的管型（NPN型或PNP型）**和管脚**（e、b、c）

按照前面所述的测量三极管管型和管脚的方法，对三极管进行测量，并将测量结果填入表9-2。

【实验9-2】二极管单向导电特性实验（选做）

（1）用一个直流稳压电源、一只整流二极管（1N4007）、一只小灯泡和一个开关设计一个电路，通过改变二极管的方向使与之串联的小灯泡正常点亮或熄灭，以观察二极管的单向导电特性，同时可据此识别二极管的极性。在附录六中实验九对应位置画出电路图，标出电源电压值并根据电路参数估算灯泡中流过的电流数值(二极管的正向导通压降为0.7V)。设计电路及参数选取可先在Multisim软件中进行仿真验证。

（2）由直流电压源和一个适当阻值的电阻及普通发光二极管构成实验电路。将自己设计的电路图画在附录六对应位置，在图上标注电压源和电阻的数值，并写出发光二极管中流过电流的计算公式和数值。设计电路及参数选取可先在Multisim软件中进行仿真验证。

注意：普通发光二极管（LED）正向工作电压一般在 2V 左右，白色的正向工作电压一般在 3V 左右。LED 属于电流控制型半导体器件，使用时不能直接接在电源上，必须串联合适的限流电阻，使其正向工作电流控制在 10～20mA 左右，否则容易被烧毁。

【实验 9-3】单管放大电路的 Multisim 仿真研究（选做）

1. 静态工作点的测量

在 Multisim 软件中，搭建电路如图 9-1 所示。调整实验电路中的基极电位器 R_1，测量对应的电压 U_{CE}，使 $U_{CEQ}=7V$ 左右，测量相关静态电压、电流值，并记录在表 9-3 中。

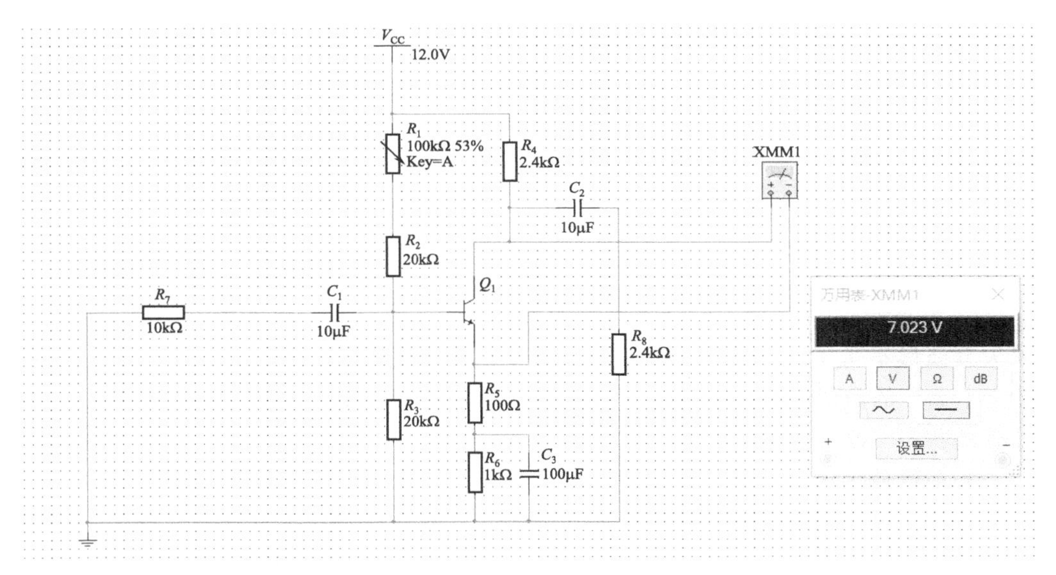

图 9-1　单管共射放大电路静态工作点观测的仿真电路图

2. 观察 Q 点对输出波形失真的影响（负载开路时）

（1）保持已调好的静态工作点不变，将信号发生器的输出设置为 $f=1kHz$，$u_{ip\text{-}p}=15mV$ 正弦信号，如图 9-2 所示，加在放大电路的输入端，用示波器观察并记录或打印输出电压的波形。注意：测量输出电压 u_o 的峰-峰值并标示在图上，用 u_{o1} 表示，记录在表 9-4 中。

（2）保持输入信号不变，调节基极电位器 R_1 逐渐增大，使输出电压波形出现失真，测量 U_{CEQ}、I_{CQ} 的数值并填入表 9-4 中，在表 9-4 中定性画出该波形图 u_{o2}（一个周期），并判断属于何种失真（饱和还是截止）及晶体管的状态（Q 点偏高还是偏低）。

（3）保持输入信号不变，调节基极电位器 R_1 逐渐减小，使波形出现失真，如

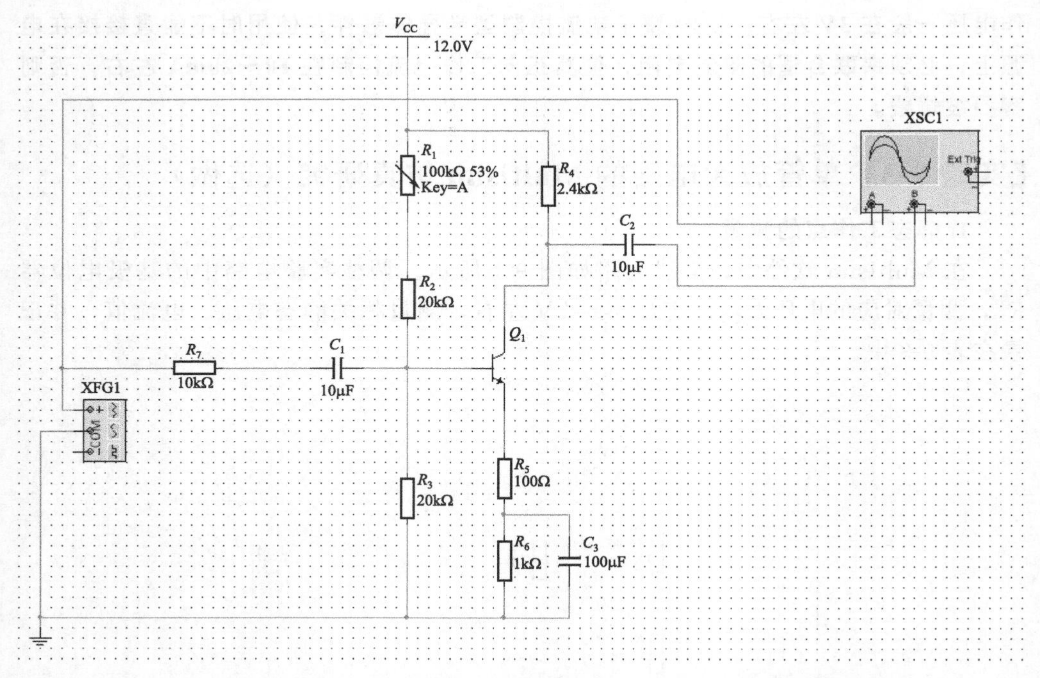

图 9-2　单管共射放大电路静态工作点对输出波形影响的仿真电路图

果失真波形不明显，可以适当增加输入信号的幅度直到有明显失真波形出现，测量 U_{CEQ}、I_{CQ} 的数值并填入表 9-4 中，定性画出该波形图 u_{o3}，并判断失真情况及晶体管的状态（Q 点偏高还是偏低）。

3. 单管放大电路的动态性能指标测试

将放大电路调整到表 9-4 的第（1）种情况，此时电路处于正常放大状态。

（1）空载电压放大倍数 A_{uo}。按照表 9-4 的第（1）种情况观测的输入输出波形，计算空载时电压放大倍数 A_{uo}。并用双踪示波器观测输入信号与输出信号电压波形的相位关系，并得出晶体管单管共射放大电路的输出电压与输入电压的相位关系的结论。将 A_{uo} 以及 u_o 和 u_i 的相位关系写在数据记录页上。

（2）输入电阻 R_i。将信号发生器输出的 $f=1\text{kHz}$，$u_{ip\text{-}p}=15\text{mV}$ 的正弦信号加在放大电路的 u_s 输入端，电路如图 9-3 所示。在输出电压不失真情况下，测量电压 U_S 和 U_i 的有效值，填入表 9-5 中，并计算 R_i 值。

（3）输出电阻 R_o。电路如图 9-3 所示，用示波器测量空载时输出电压峰-峰值。再将负载接入电路，电路如图 9-4 所示，用示波器测量带载时输出电压的峰-峰值。分别将数据填入表 9-6 中。

注意：测试过程中应在负载电阻接入前后使输入信号保持不变。

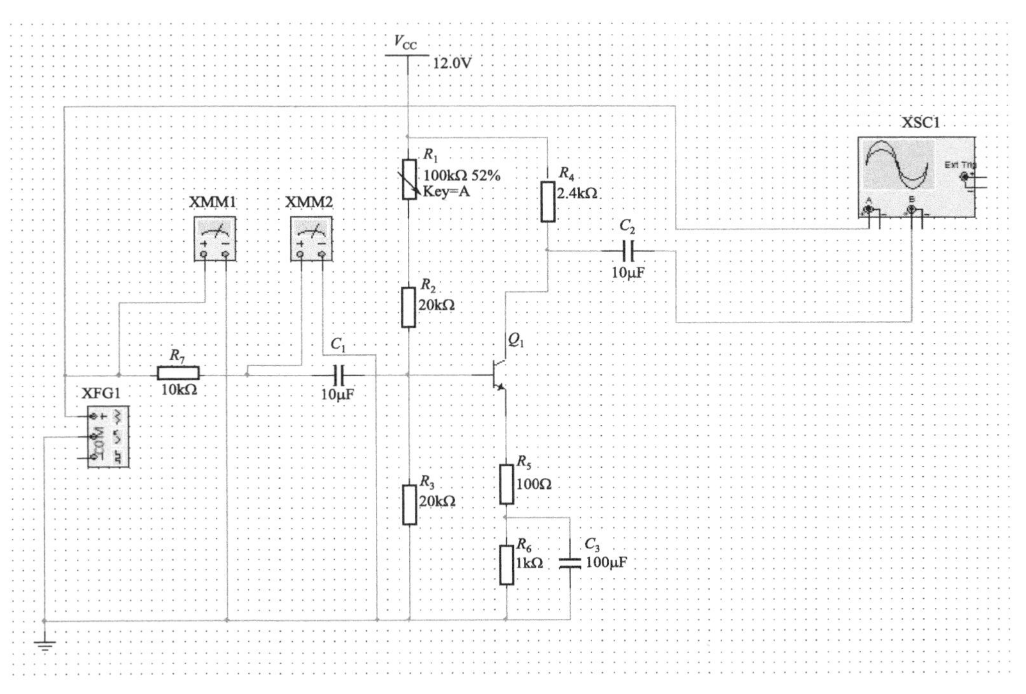

图 9-3　单管共射放大电路测量输入电阻的仿真电路图

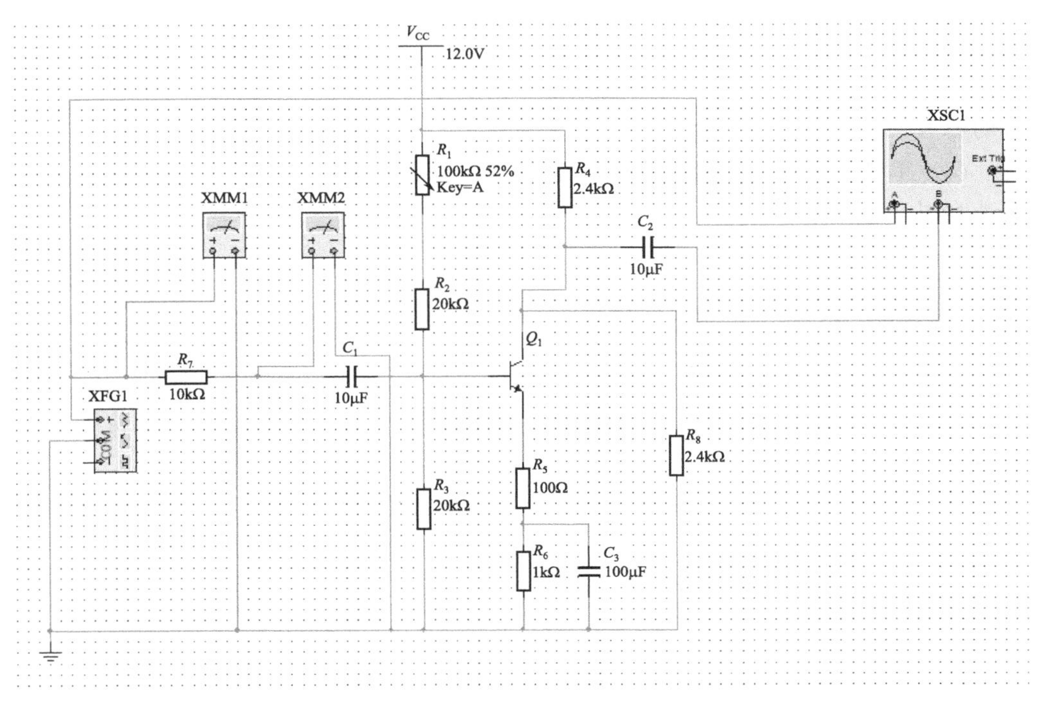

图 9-4　单管共射放大电路带负载时测量输出电阻的仿真电路图

【实验 9-4】单管共射放大电路的静态和动态研究（必做）

（1）单管共射放大电路原理图如图 9-5 所示。

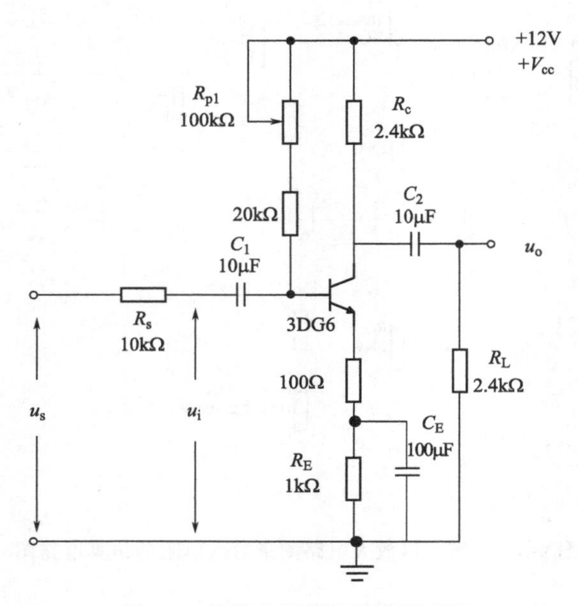

图 9-5　单管共射放大电路原理图

（2）将输入端 u_s 的两个端子短接，测量静态工作点并观察 Q 点对输出波形失真的影响，步骤同实验 9-3。数据记录在表 9-7、表 9-8 中。

（3）单管放大电路的动态性能指标测试，步骤同实验 9-3。数据记录在表 9-9、表 9-10 中。

五、注意事项（Matters Needing Attention）

（1）在测量二极管正反向特性曲线电路中，一定要串接电阻；

（2）信号源的接地端与示波器的接地端要连在一起（称共地），以防外界干扰而影响测量的准确性；

（3）信号源输出相应信号时，面板上使用通道相对应的 Output 按键一定要按下，否则没有信号输出。

六、实验报告要求（About Report）

（1）总结万用表测量二、三极管的方法。

（2）根据实验观测结果，在坐标纸上绘出二极管 1N4007 的伏安特性曲线。

（3）将单管放大电路的相关观测结果绘制或者粘贴到相应位置。

（4）回答思考题。

（5）在附录六中填写心得体会及建议。

实验十　集成运算放大器应用

一、实验目标（Objectives）

（1）学习集成运算放大器的基本使用方法；

（2）进行同相比例、反相比例、求和等基本运算电路的搭建和测量。

二、仪器及元器件（Equipment and Component）

（1）函数信号发生器（一台）；（2）双踪示波器（一台）；（3）数字万用表（一块）；（4）直流稳压电源（一台）；（5）实验电路板（一块）；（6）面包板（一块）；（7）电阻、电容及导线（若干）；（8）模拟电路试验箱。

三、实验知识的准备（Elementary Knowledge）

集成运算放大器（简称运放）具有电压放大倍数大（10^4～10^6 倍）、输入电阻高（10^6～$10^9\Omega$）、输出电阻低（10～100Ω）的特点。运放的应用可分为两类，即线性应用和非线性应用。

集成运算放大器的线性应用：当运放外加负反馈使其闭环工作在线性区时，可构成模拟信号运算放大电路、有源滤波电路和正弦波振荡电路等。只有在运放工作在线性区时，分析运放电路时才能应用运放两个输入端“虚短路”和“虚断路”的近似分析法原则。

集成运算放大器的非线性应用：当运放处于开环或外加正反馈使其工作在非线性区时，可构成幅值比较电路和波形发生器等。此时运放的两个输入端“虚断路”的近似分析原则仍然适用，而“虚短路”原则不再成立，一定要注意。

基本实验中用到的集成运放型号是CA3140，该运放的实物照片见图10-1，管脚图见图 10-2（其中 1 脚和 5 脚是接调零端，8 脚是选通端，高电平有效）。该运放是 BiMOS 高电压高输入阻抗的单运放。其主要参数见下表。

图 10-1　集成运放 CA3140

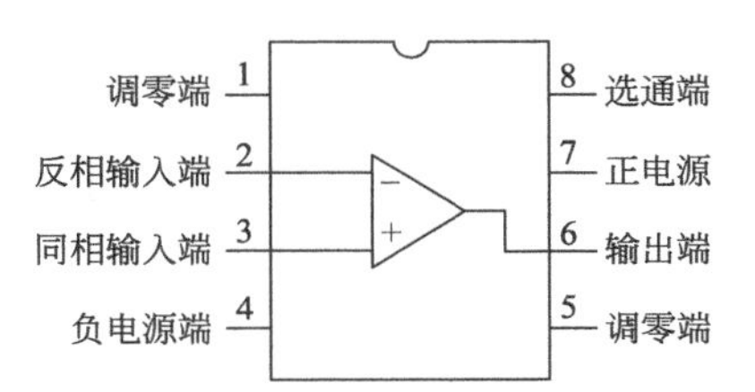

图 10-2　集成运放 CA3140 管脚图

实验用运算放大器参数表

序号	运放主要参数	CA3140	LM324
1	电源电压范围	3～36V	3～32V
2	开环电压增益	约 100dB（10^5 倍）	约 100dB（10^5 倍）
3	输入电阻	1.5TΩ	>100MΩ
4	输出电阻	60Ω	<50Ω
5	单位增益带宽积 GBP	4.5MHz	1.2MHz
6	电压转换速率 SR	9V/μs	0.5V/μs

应用实验中最常用的是通用四运放 LM324，其双列直插塑料封装的实物见图 10-3，管脚图见图 10-4，四运放的电源共用，各运放独立使用，主要参数见表 10-1。

图 10-3　集成运放 LM324

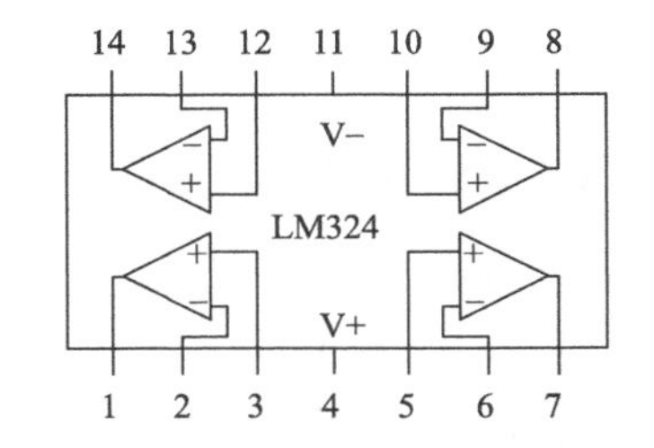

图 10-4　集成运放 LM324 管脚图

四、实验内容及过程（Content and Procedures）

【实验 10-1】使用 Multisim 软件进行集成运算放大器仿真实验（预习）

（1）连接如图 10-5 所示的电压跟随器电路，将实验结果记入表 10-1 中。

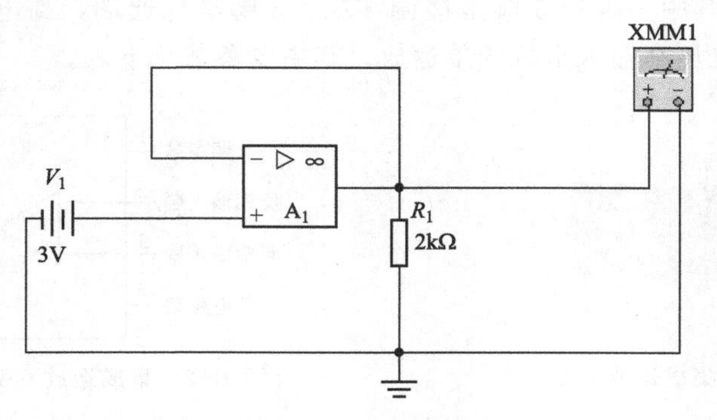

图 10-5　电压跟随器电路

（2）连接如图 10-6 所示的反相输入放大电路，将实验结果记入表 10-2 中。

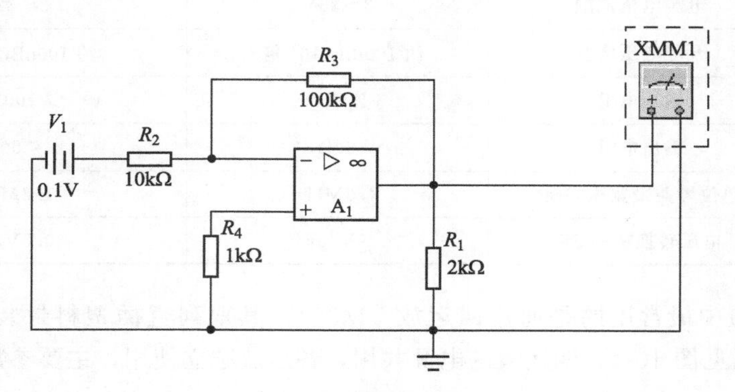

图 10-6　反相输入放大电路

【实验 10-2】集成运算放大器基本实验研究（必做）

实验电路见图 10-7 所示，运算放大器采用 CA3140 或 uA741［uA741 的 8 脚是空端（NC，no connect)］。运放采用双电源±12V 供电，实验前需要通过调零端电位器 R_W 进行调零。运放输入端所加的直流信号 V_{i1} 和 V_{i2} 是由电源＋12V、－12V 和地之间的电位器 R_{w1}、R_{w2} 分压调节得到的。电压 V_{i1} 是一个正电压，范围在 0 ～＋12V 之间，电压 V_{i2} 是一个负电压，范围在 0 ～－12V 之间。

1. 运放调零电路

运放使用之前需要先进行调零，实验电路接线如图 10-8 所示。使运放输入端信号为零，即将运放的同相和反相输入端经电阻 R_{11} 和 R_{21} 接在零电位端（GND 接地端），然后将反馈电阻 R_{f2} 接在运放反相输入端，负载开路情况下用万用表的直流电压 200mV 量程挡测量运放输出电压 V_o。轻轻调整调零电位器 R_W 使输出电压 V_o 的读数尽量小。注意：测量前应先用万用表测量地点电位，观察读数是否为零。

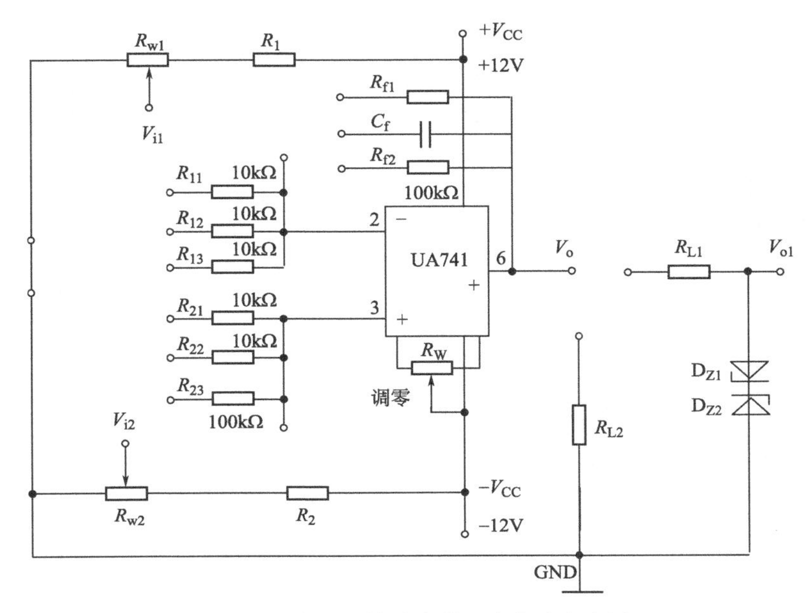

图 10-7　集成运算放大器基本实验电路图

2. 反相比例运算电路

按照图 10-9 接线，输入电压 V_{i1} 按照表 10-3 数值调整并加入电路，用万用表测量输出电压数值并将测量数据填入表 10-3 中。

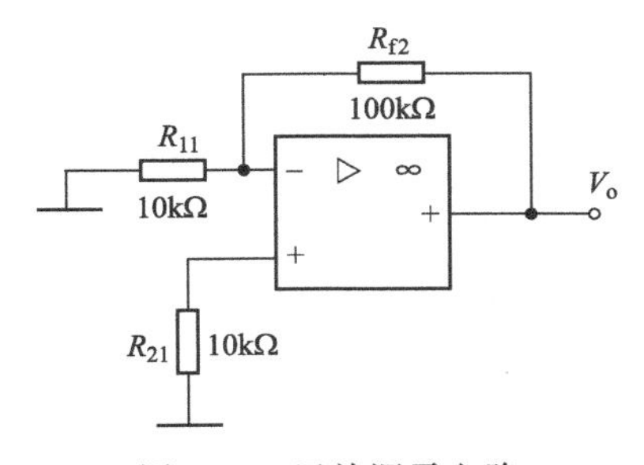

图 10-8　运放调零电路

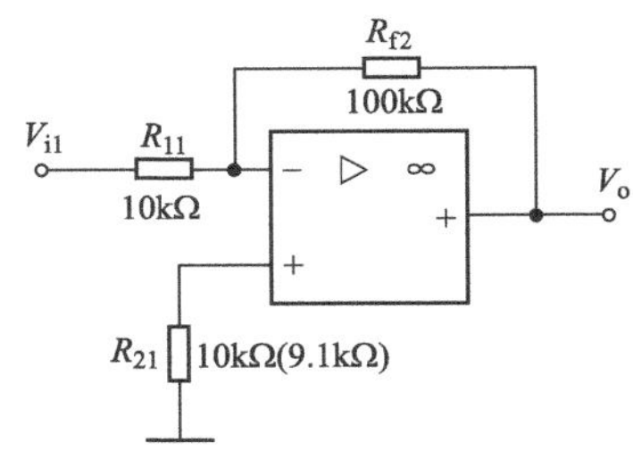

图 10-9　反相比例运算电路

3. 同相比例运算电路

按照图 10-10 接线，测量过程同上。

4. 反相输入求和电路

按照图 10-11 接线，测量过程同上。

5. 双端输入求和电路

按照图 10-12 接线，测量过程同上。

6. 电压跟随器电路

按照图 10-13 接线，测量过程同上。

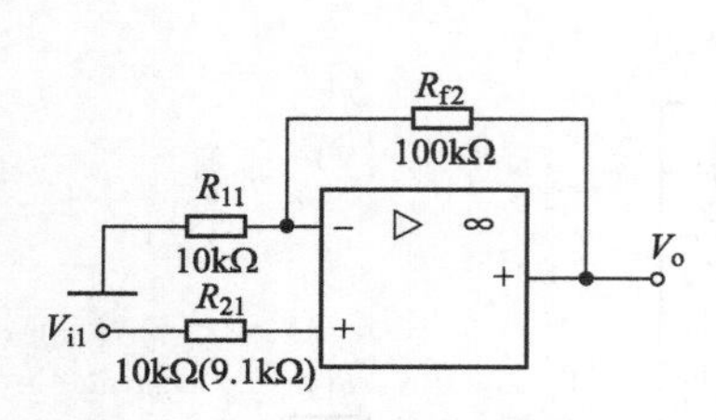

图 10-10　同相比例运算电路

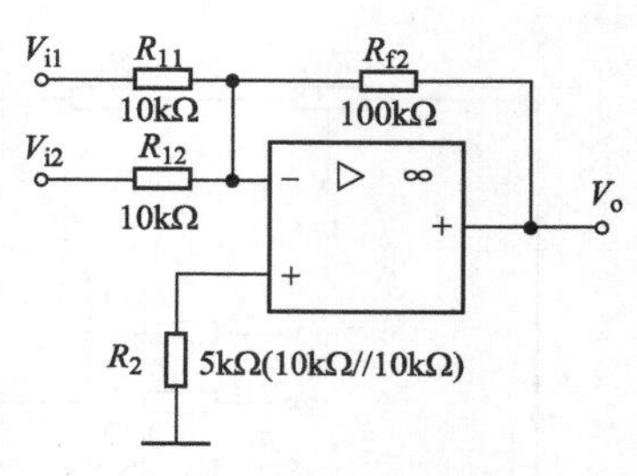

图 10-11　反相输入求和电路

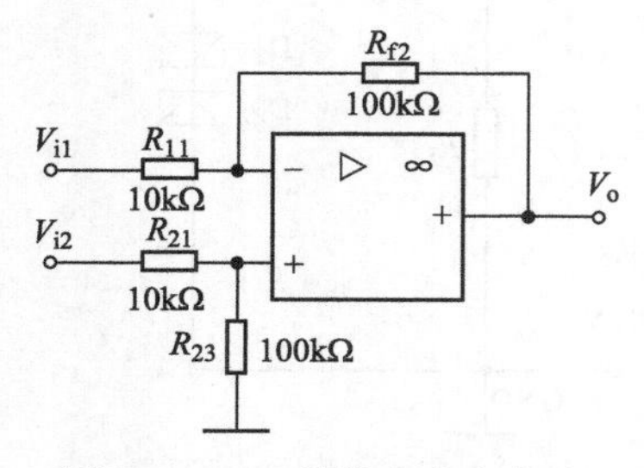

图 10-12　双端输入求和电路

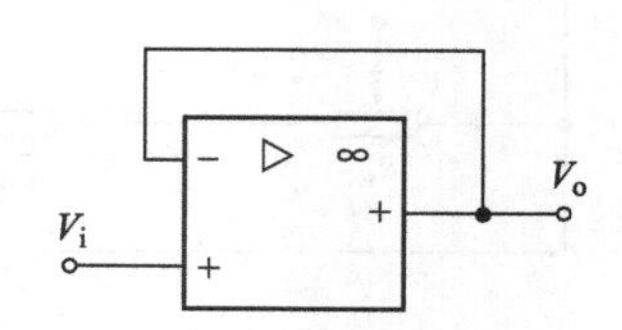

图 10-13　电压跟随器电路

7. 过零比较器电路

按照图 10-14 接线，由函数信号发生器调整输出一个频率为 1kHz，峰-峰值为 100mV 的正弦信号 V_i，加在输入端，并用双通道示波器同时观测输入和输出电压波形 V_i 和 V_o，在表 10-3 中画出输入输出电压波形图。

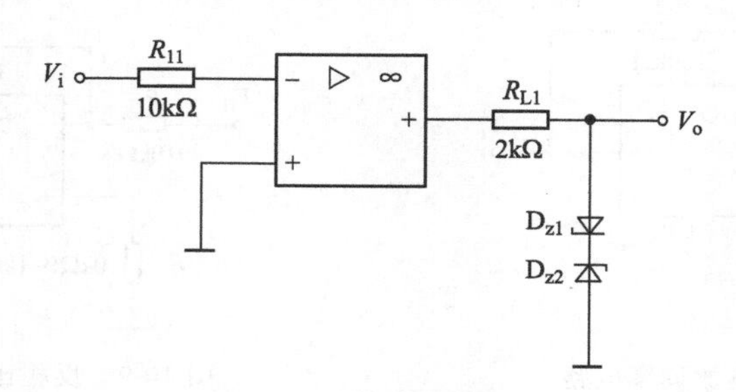

图 10-14　过零比较器电路

【实验 10-3】使用 Multisim 软件进行正弦波振荡电路仿真研究（选做）

(1) 按图 10-15 电路创建仿真实验电路。

(2) 观察文氏正弦波振荡电路的起振过程。打开仿真开关，双击示波器，观察文氏正弦波振荡器的起振过程，这个过程大约需要 600ms。

(3) 观察文氏正弦波振荡器产生的正弦波。测量正弦波的幅值及频率。

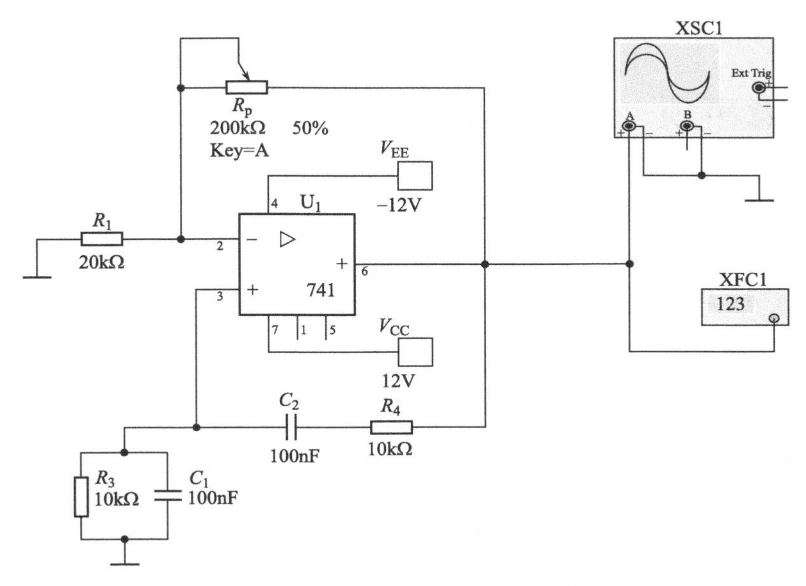

图 10-15　正弦波振荡电路原理图

(4) 调节 R_p 的阻值，再观察文氏正弦波振荡器起振过程及产生的波形。阻值改变后，起振时间发生变化，输出波形严重失真，记录波形。

【实验 10-4】使用 Multisim 软件进行运放组合电路仿真研究（选做）

(1) 按照图 10-16 连接运放组合电路。

(2) 根据给定输入，使用万用表测量输出电压，将数据记录在表 10-4 中。

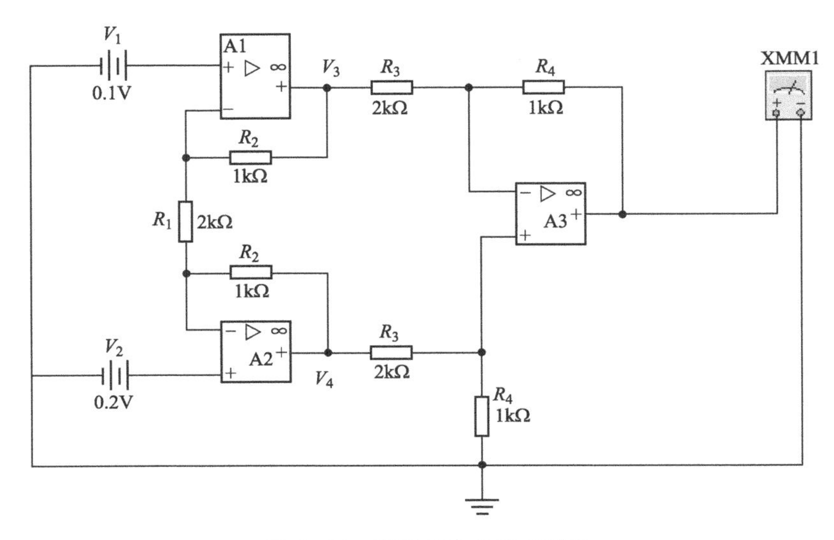

图 10-16　运放组合电路原理图

（3）改变输入电压，测量输出电压，将数据记录在表 10-4 中。

五、注意事项（Matters Needing Attention）

（1）做该实验之前，把实验箱独立的电源供电开关打开；

（2）实验中如需更改连线或电路参数，必须先切断电源后，方可实施；

（3）插接线具有自锁功能，可保证接触良好，可以叠插。拔出时，可捏住插头柄，轻轻转动，即可容易地拔出，切勿用力硬拽连接线。

六、实验报告要求（About Report）

（1）复习理论课中所学的运算放大器各种运算电路的基本原理；

（2）对各实验电路的理论值预先进行计算，将理论公式及理论计算值填入表 10-3 中，并与实验测量结果进行比较分析；

（3）解释过零比较器输出波形原因；

（4）回答思考题。

附录一　QS-NDG3型电工电子教学实验台

一、概述

如附录图 1 所示，QS-NDG3 型电工与电路实验系统配置了三相交流可调电源、直流电源、信号源及频率计、交直流测量仪表等仪器仪表，可配合实验模块完成课程对应的实验项目。

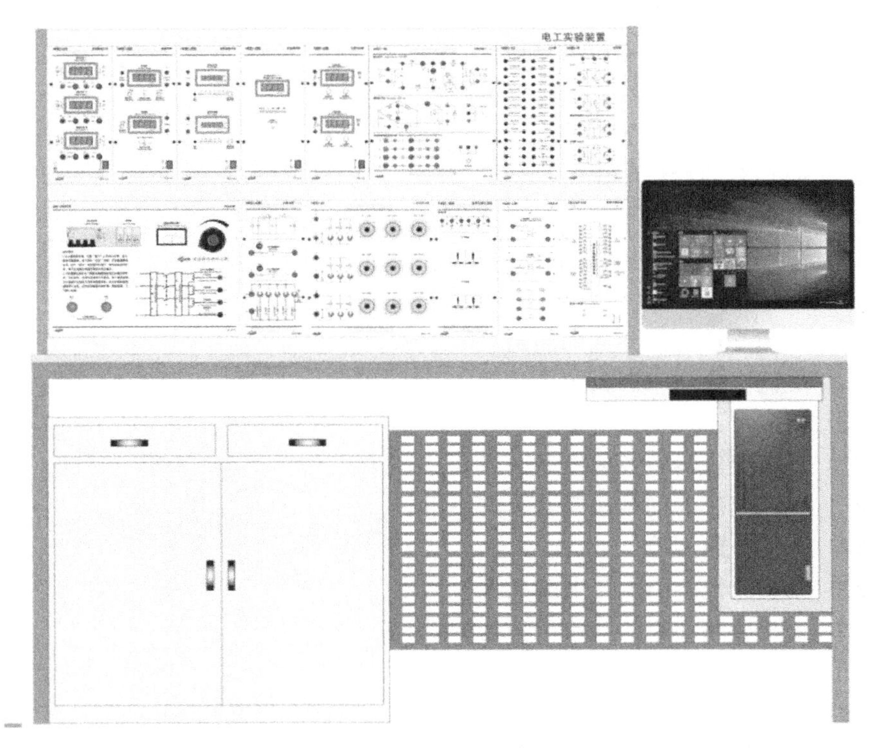

附录图 1　QS-NDG3 型电路实验系统

QS-NDG3 型实验系统提供了电流型漏电保护和实验导线多重保护功能，确保学生人身安全。实验装置的电源、测量仪表均设计了断路、过量程等保护功能，确保了设备的安全性。

二、实验内容

1. 电工基本实验

(1) 电工仪表的使用与测量误差的计算。

(2) 减少仪表测量误差的方法。

(3) 线性与非线性电路元件伏安特性的测绘。

(4) 电位、电压的测定及电位图的绘制。

(5) 基尔霍夫定律和叠加原理的验证。

(6) 戴维宁定理的验证。

(7) 电压源与电流源的等效变换。

(8) 受控源的实验研究。

(9) 二端口网络实验。

(10) 互易定理实验。

(11) RC 一阶电路的响应与测试。

(12) 二阶动态电路响应与测试。

(13) R、L、C 元件阻抗特性的测定。

(14) 负阻抗变换器的特性测试。

(15) 回转器的特性测试。

(16) 双 T 网络的测试。

(17) RC 选频网络特性测试。

(18) RC 串联谐振电路的研究。

(19) 三相交流电路参数的测定。

(20) 交流电路功率因数改善实验。

(21) 交流电路的互感测量。

(22) 单相变压器特性的测试。

(23) 单相变压器同名端判断及其应用。

(24) 互感电路实验。

(25) 三相交流电路电压电流的测量。

(26) 三相电路功率、功率因数的测量。

(27) 三相电路相序的测量。

(28) 三相异步电机 Y/△启动实验。

(29) 三相异步电机正、反转实验。

(30) 三相异步电机顺序启动实验。

(31) 三相异步电机能耗制动实验。

2. 电路设计性实验

(1) 电压表、电流表、欧姆表设计实验。

(2) 未知元件的伏安特性实验。

(3) 受控源设计实验。

(4) 二端口网络参数测定及等效实验。

(5) 电工电子电路仿真测试实验。

(6) 电路综合设计性实验。

三、技术条件

(1) 整机容量：1.5kV·A。

(2) 尺寸：1.9m×0.75m×1.6m。

(3) 重量：小于 200kg。

(4) 工作电源：AC3N/380V/50Hz/3A。

四、产品技术参数说明

1. 产品的安全保护功能

(1) 交流电源及供电主回路具有过流保护措施。安装有漏电保护装置，一旦出现漏电现象，能告警并切断总电源，确保实验安全。

(2) 实验导线采用 2 种规格，高压实验采用全塑型安全实验导线，不会因使用者触摸金属部分而导致触电的可能。低压导线采用金属头导线，二者不能互插。避免了高压插入低压电流的可能。

(3) 实验操作面板采用高强度绝缘材料雕刻丝印而成，美观且安全。

(4) 实验装置的电源、测量仪表均设计了断路、开路、过量程等保护功能，确保了设备的安全性。

2. 产品的结构说明

产品由双层铝合金支架、实验电源、测量仪表、实验桌、实验模块、实验导线及备件组成。双层铝合金支架上可放置交流电源、直流电源、交直流测量仪表、信号源、实验电路等模块。实验桌采用铁质喷塑结构，结构牢固，桌面为高强度密度板，桌子下面设有抽屉和储藏柜。实验电路采用标准尺寸的模块化设计，便于更换和维修。

3. 设备详细配置及技术说明

(1) QS-DYD2 交流电源。提供 1.5kV·A/0～430V 三相连续可调电源，0～250V 单相可调电源。交流电源输出设有过流保护技术，相间、线间过电流及直接短路均能自动保护。

(2) NDG-01 智能交流仪表，配置情况见下表，外型如附录图 2(a) 所示。

NDG-01智能交流仪表配置

配置情况	精度	测量范围
交流数字电压3只	0.5	0～500V
交流数字电流3只	0.5	0～3A
数字功率表、功率因数表3只	1.0	0～500V/0～3A

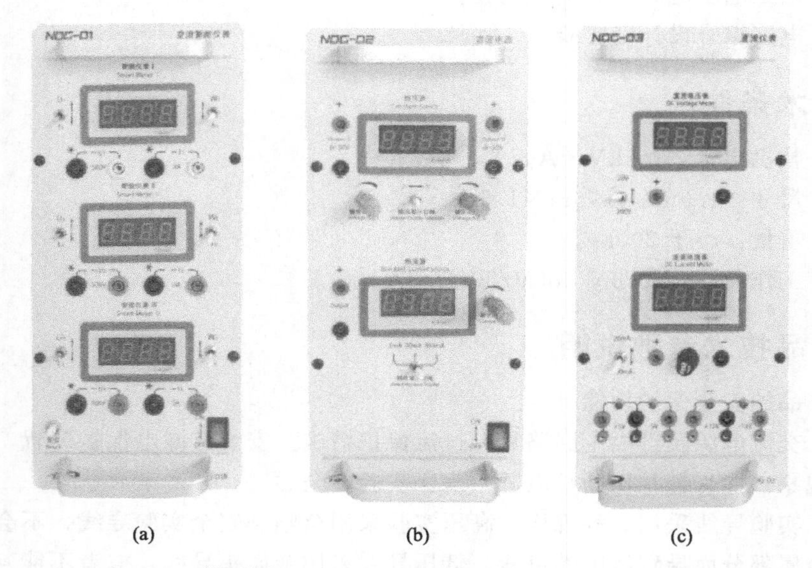

(a) (b) (c)

附录图2　NDG-01、NDG-02、NDG-03

(3) NDG-02直流电源，如附录图2(b)所示。

① 双路恒压源：提供双路0～30V/0.5A连续可调直流电源，3位半数显，具有短路保护和自恢复功能。提供±5V/0.5A，±12V/0.5A直流稳压电源。

② 恒流源：调节范围0～200mA，连续可调，2mA、20mA和200mA三挡量程切换，从0.00mA起调，最大开路电压30V，开路保护，带3位半监视仪表。

(4) NDG-03智能直流仪表，如附录图2(c)所示。

① 数字直流电压表，1只：测量范围0～500V，采用ARM微处理器设计的智能仪表，量程可手动和自动切换，四位半数字显示，精度0.5级，具有超量程保护功能。

② 数字直流电流表，1只：测量范围0～2A，采用ARM微处理器设计的智能仪表，量程可手动和自动切换，四位半数字显示，精度0.5级，具有超量程保护功能。

(5) NDG-05交流数字毫伏表，1只：频响范围10Hz～1MHz，测量范围100μV～700V，多挡切换，3位半数字显示。

(6) NDG-06 可编程电阻箱，如附录图 3 所示，采用 ARM 微处理器开发，智能可编程型，电阻范围：1Ω～9.999kΩ/2W 可调，2 路输出，电阻精度 0.5%，电阻分段×1Ω、×10Ω、×100Ω、×1kΩ 智能切换，通过面板设定输出电阻阻值，数字显示输出电阻，电阻功耗 2W 即断开保护。外部 220V 电源供电。

附录图 3　NDG-06

(7) NDG-09 交流电路，提供实验变压器、互感线圈和 4 组电流取样插座，如附录图 4(a) 所示。

(8) NDG-10 三相交流电路，如附录图 4(b) 所示，提供三相灯泡负载电路，每相 3 个 25W 灯泡串联，其中一个灯泡都设置了开关，方便完成三相不平衡负载的交流电路实验，由于采用了多个灯泡的并联，至少能够承受 440V 电压，使在做不平衡三相负载实验时能够承受超过 220V 以上的电压，保护了灯泡的寿命。

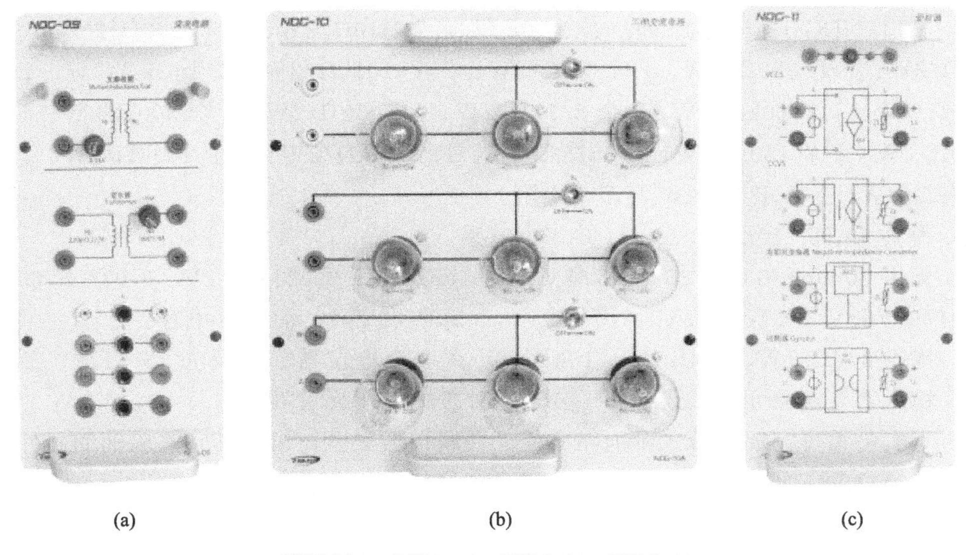

(a)　(b)　(c)

附录图 4　NDG-09、NDG-10、NDG-11

(9) NDG-11 受控源，如附录图 4(c) 所示，提供受控源 VCCS、CCVS 电路，可组合成 4 中受控源实验，以及负阻抗变换器电路和回转器电路等。

(10) NDG-12 电路原理（一），如附录图 5 所示，提供叠加原理、戴维南定理、双 T 网络、选频电路、串联谐振等实验电路，以及 4 组电流取样插座和 1 个

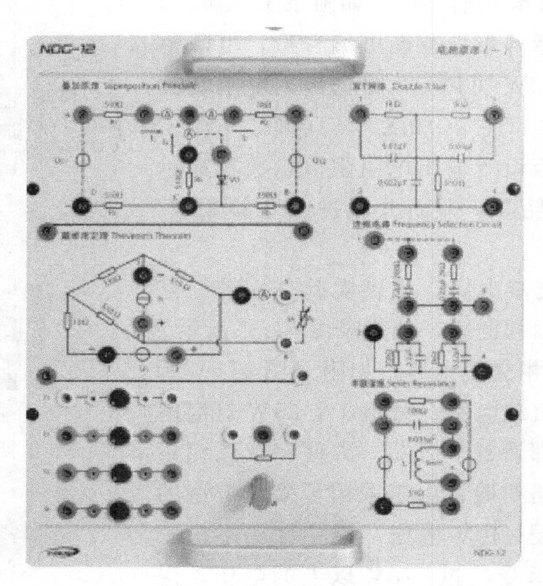

附录图 5　NDG-12

1kΩ/2W 电位器。

（11）NDG-13 电路原理（二），提供 4 个 510Ω/2W、2 个 200Ω/2W、1 个 1kΩ/2W、1 个 330Ω/2W、2 个 51Ω/2W、2 个 101kΩ/2W、2 个 2kΩ/2W、1 个 82kΩ/2W、1 个 20kΩ/2W、1 个 5.1kΩ/2W、1 个 3kΩ/2W、1 个 300Ω/2W、1 个 100Ω/2W、1 个 150Ω/2W、1 个 75Ω/2W、1 个 30kΩ/2W、1 个 100kΩ/2W、1 个 1.2kΩ/2W、1 个 680Ω/2W 等多个电阻。

提供 9mH、10mH、15mH 共 3 个电感。

提供 1000pF/63V、3300pF/63V、0.01μF/63V、0.022μF/63V、0.033μF/63V、0.047μF/63V、0.1μF/63V、1μF/63V、2.5μF/63V×2 等 CBB 电容。

提供 470Ω/1W、1kΩ/1W、10kΩ/1W 共 3 个电位器，以及 6.3V 灯珠、二极管、稳压管等实验元件，还设置了 6 个可外插的电子元件插脚。

本实验箱可完成一阶二阶电路实验、并联谐振实验，以及其它实验辅助器件。

（12）NDG-15 直流电源及插座，提供 220V×2 组交流电源插座。

（13）EEL-57A 继电接触控制（一），提供了 3 只 200V/5A 交流接触器、3 只按钮开关、1 只时间继电器、1 只热继电器及能耗制动电路，配置电机可完成电机拖动实验内容。

（14）M14 三相鼠笼异步电机：笼型，电压 220V（△接）。

（15）电路设计创新实验模块：九孔板，见附录图 6（提供透明的元件盒，可由学生自由搭接电路）。

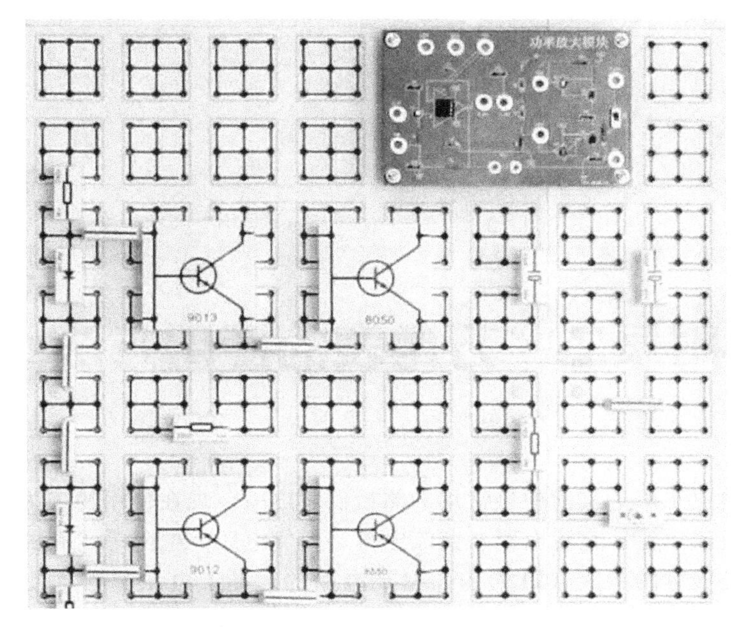

附录图 6　九孔板

附录二　万用表的使用方法

万用表是电工电子实验中最常用的测量仪表之一，现在使用的多为数字式。万用表可测量直流电流、直流电压、交流电流、交流电压、电阻等，有的还可以测电容、电感、三极管的参数（如 β）、频率及电路的通断。电工实验室使用的数字万用表如附录图 7 所示，下面以电阻、直流电压和直流电流的测量来简单说明万用表使用方法。

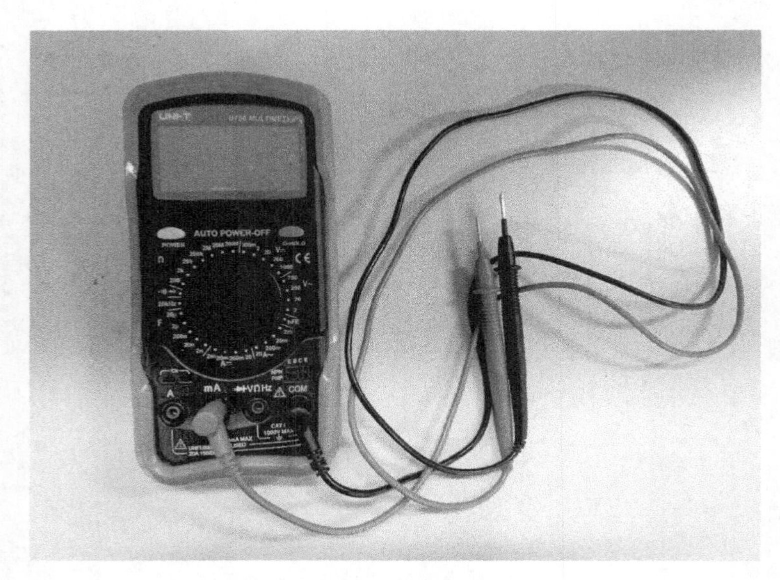

附录图 7　数字万用表

（1）先打开电源开关（POWER 键），然后选择正确挡位，V—或 DCV 是直流电压挡，V～或 ACV 是交流电压挡，A—或 DCA 是直流电流挡，A～或 ACA 是交流电流挡，Ω 是电阻挡，画有一个二极管符号的是二极管挡，也称蜂鸣挡，F 是电容挡，H 是电感挡，hfe 是表示三极管电流放大系数测试挡，HOLD 键是锁屏按键，B/L 一般是为背光灯。

（2）接下来将两根表笔插入正确插孔，一般数字万用表会有四个插孔，分别是：VΩ 孔、COM 孔、mA 孔、10A 孔或 20A 孔。COM 孔也称公共端，是专门插入黑表笔的插孔。测量直流电压、交流电压、电阻、电容、二极管、三极管、检查线路通断等，将红表笔插入 VΩ 孔，黑表笔插入 COM 孔。测量毫安级的电流或微安级的电流，将红表笔插入 mA 电流专用插孔，黑表笔插入 COM 孔。测量高于毫安级的电流，将红表笔插入 10A 或 20A 孔，黑表笔插入 COM 孔。此时就可以测量了。

（3）如果不知道被测信号的大小，则要先选择最大量程测量。测量直流电的时候不必考虑正负极，因为数字表会显示负号，说明信号是从黑表笔进入。

（4）测量大电流的时候，一定要注意时间，正确测量时间应该是在 10～15s，如果长时间测量的话，由于分流电阻过热会引起阻值变化，导致测量误差。

（5）电阻阻值测量。首先要选择电阻挡并选择适当量程，测量电阻不分正负极。首先短接两根表笔测出表笔线的电阻值，阻值不能超过 0.5Ω，超过了的话，说明万用表电池电压 9V 偏低，或者是刀盘与电路板接触松动，应更换万用表电池，或者可将万用表拆开重新安装刀盘。测量中如果发现万用表显示“1”，则要使用最大挡重新测量，如果使用最大挡测量该电阻阻值还是“1”，则说明该电阻开路。如果测量中发现电阻阻值为 001，说明该电阻内部被击穿。另外测电阻的时候不要用手去握表笔金属部分，以免接入人体电阻，会引起测量误差。

（6）直流电压测量。首先将黑色笔插入 COM 插孔，红表笔插入 VΩ 插孔；然后将功能开关置于 V—范围内，将测试表笔并联接到待测电路中，红表笔所接端子的极性将同时显示。

（7）直流电流测量。首先将黑色笔插入 COM 插孔，当最大测量值低于 200mA 时，红表笔插入 mA 插孔；当最大测量值低于 20A 时，红表笔插入 A 插孔。然后将功能开关置于 A—量程，将测试表笔串联接入到待测回路里，电流值显示的同时，将显示红表笔的极性。

（8）安全事项：

① 后盖没有盖好前，严禁使用，防止击穿；

② 量程开关应置于正确的位置；

③ 红黑表笔应插在符合测量要求的插孔内，保证接触良好；

④ 输入信号不允许超过规定的极限值；

⑤ 严禁量程开关在电压或电流测量中改变挡位；

⑥ 测量完成后及时关闭电源。

附录三　示波器的使用方法

示波器是在时域上捕获、观察、测量和分析波形的工具，是形象地显示信号幅度随时间变化的波形显示仪器。

RIGOL DS2000A 系列示波器，具有两路模拟信号输入通道，采样率 2GS/s，最小垂直灵敏度 500μV/格，是一款多功能数字示波器。其面板及各功能键如附录图 8 所示。

使用示波器显示、测量波形，首先应打开左下角电源开关。从两个通道信号输入端 CH1 或 CH2 通过探头输入待显示、测量信号。若要使输入的波形完整、清晰、稳定地显示，有三个部分的调整非常重要，即垂直控制区、水平控制区和触发控制区。

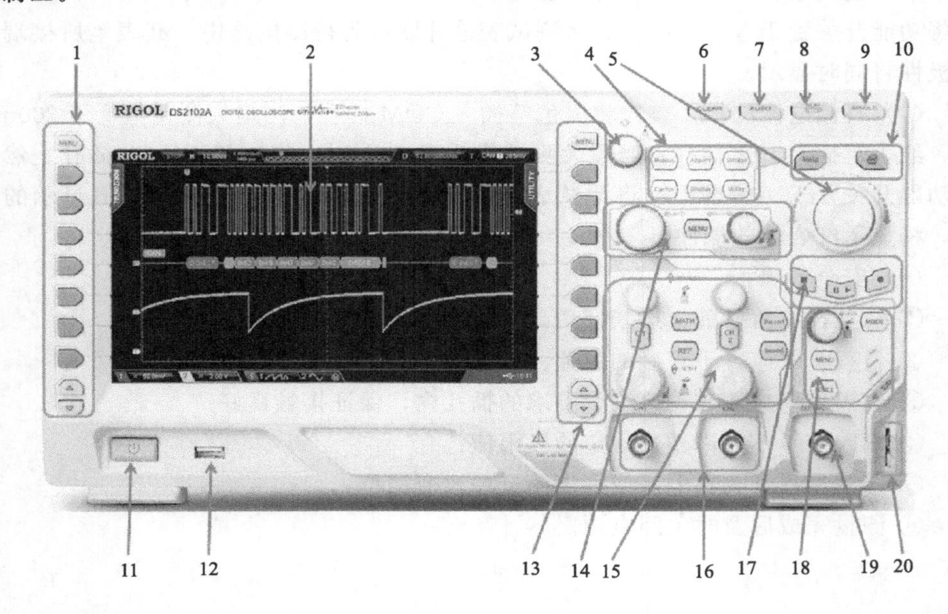

编号	说明	编号	说明
1	测量菜单操作键	11	电源键
2	LCD	12	USB Host接口
3	多功能旋钮	13	功能菜单软键
4	功能菜单操作键	14	水平控制区
5	导航旋钮	15	垂直控制区
6	全部清除键	16	模拟通道输入
7	波形自动显示键	17	波形录制/回放控制键
8	运行/停止控制键	18	触发控制区
9	单次触发控制键	19	外触发输入端
10	内置帮助/打印键	20	探头补偿信号输出端/接地端

附录图 8　示波器面板及各功能键

一、垂直控制区

垂直控制区的两个按键 CH1 和 CH2 是两路通道的开通/关闭切换按键。按下任一按键，打开相应通道菜单，再次按下，关闭通道。

这里重点说明信号的输入耦合方式：CH1 或 CH2 按下后，进入相应通道菜单，按下菜单中“耦合”对应的软键，进入“耦合”子菜单，有“直流、交流、接地”三个选项。如果要把信号的全部成分（包括直流成分和交流成分）显示出来，选“直流（DC）耦合”；如果只想把信号的交流成分显示出来，而把直流成分隔离掉，选“交流（AC）耦合”；如果选择“接地”，则示波器只显示一条 0V 扫描线。信号输入耦合方式调整如附录图 9 所示。

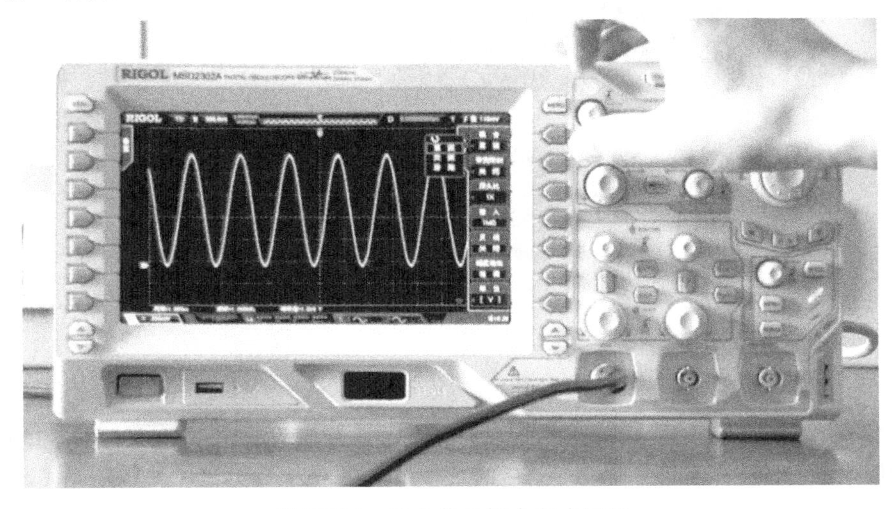

附录图 9　输入信号耦合方式调整

垂直 Position 旋钮：用来修改当前通道波形的垂直位移，使波形上下移动。按下该旋钮，可快速将该通道垂直位移归 0，即该通道的 0V 归位到屏幕中心位置。

垂直 Scale 旋钮：用来修改当前通道的垂直挡位，屏幕左下方会显示调整的垂直挡位信息。垂直挡位，俗称“伏特/格”，即屏幕上垂直方向每个格代表多少电压值。调整“伏特/格”，就是调整信号波形在屏幕上显示的“高度”。

二、水平控制区

水平 Position 旋钮：用来修改当前通道波形的水平位移，使波形左右移动。按下该旋钮，可快速复位触发点到屏幕中心位置。

水平 Scale 旋钮：用来修改水平时基，屏幕上方会显示调整的水平时基信息。水平时基，俗称“时间/格”，即屏幕上水平方向每个格代表多少时间。调整“时间/格”，就是调整波形在屏幕上显示的水平方向的“疏密度”。

Menu 按键：水平控制菜单。按下该按键，可进行开关延迟扫描功能、切换时基模式等设置。这里重点介绍时基模式 *Y-T*、*X-Y* 两个模式的切换。

我们平时正常显示波形，用的是 *Y-T* 时基模式。若要切换到 *X-Y* 模式，需按下水平控制区 Menu 按键，再按下屏幕右侧菜单中时基对应的软键。通过旋转多功能旋钮，选择 *X-Y* 模式，并按下多功能旋钮选中，此时屏幕上出现 CH1、CH2 通道的李萨如波形，调整过程如附录图 10 所示。

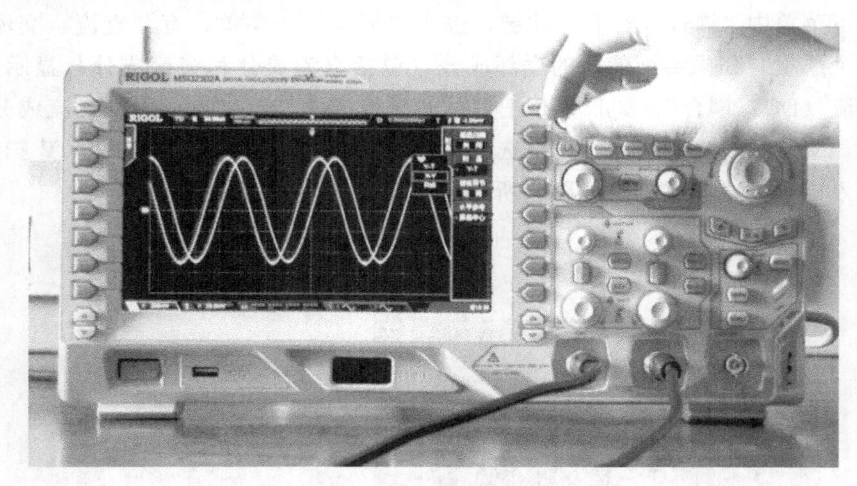

附录图 10　时基模式调整

三、触发控制区

Mode 按键：可切换 Auto、Nomal、Single 三种触发方式，选择不同的触发方式，其相应的灯会亮。

触发区 Level 旋钮：调节触发电平，只有调节触发电平为合适的值，波形才被同步触发，波形才能稳定显示。

触发区 Menu 按键：用来打开触发菜单操作。

触发菜单中有“信源选择”，即选择触发源，如附录图 11 所示。如果信号从 CH1 输入，信源选择 CH1，1 通道信号被同步触发，1 通道波形稳定；如果信号从 CH2 输入，信源选择 CH2，2 通道信号被同步触发，2 通道波形稳定；如果两个信号分别从 CH1、CH2 输入，并且两个信号是相干波形（周期是整数倍关系），选择周期长即频率小的信号做触发源，两个信号都能稳定。如果两个信号是不相干波形，选择哪个信号做触发源哪个信号稳定，做不到同时稳定。

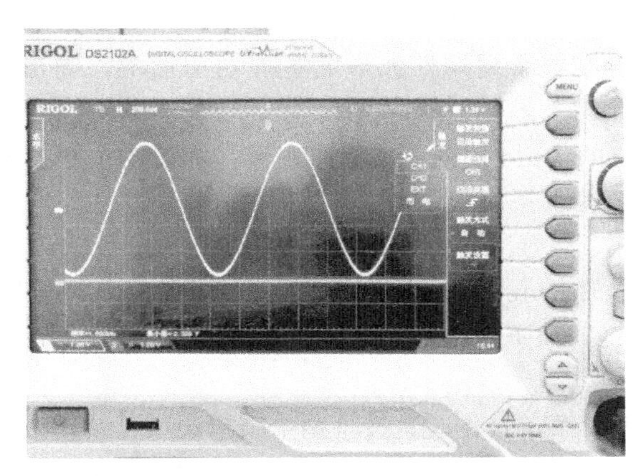

附录图 11　触发菜单中的信源选择

触发菜单中还有“触发设置”，如附录图 12 所示按下“触发设置”对应的软键，再按下子菜单出现的“耦合”软键，进入“耦合”子菜单：有直流、交流、低频抑制、高频抑制等可选择，如果输入信号是中低频信号，则要抑制高频干扰信号，选择高频抑制；如果输入信号是高频信号，则要选择低频抑制。

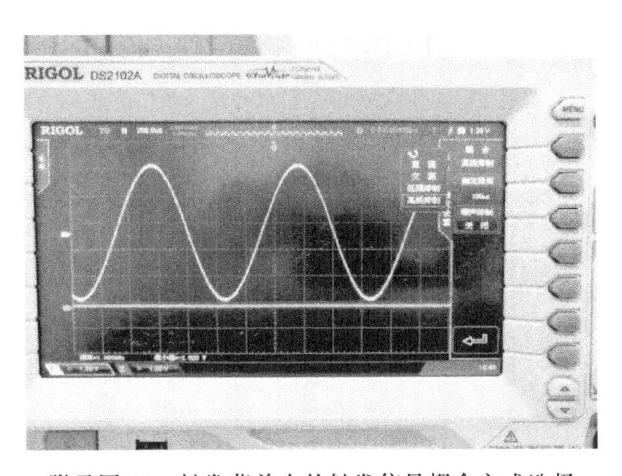

附录图 12　触发菜单中的触发信号耦合方式选择

四、示波器的其它按键功能说明

（1）波形测量快捷键：该示波器针对测量功能，在屏幕的左侧设置了快捷按键。按下屏幕左侧的 Menu 按键，可进行波形测量。在弹出的菜单中，按下相应菜单键，可在屏幕下侧添加该项测量值。还可通过按 Menu 键实现垂直量测量和水平量测量的切换。

（2）功能按键区的 Cursor 按键：光标（游标）键，按下该键，进入光标（游标）测量菜单设置。两个横的游标用来测电压，如果两个横的游标正好卡在波形的波峰、波谷之间，测出的ΔY 就是波形的峰峰值；两个竖的游标用来测时间，如果两个竖的游标正好卡在一个周期性波形完整周期的两端，测出的ΔX 就是波形的周期。

（3）示波器上方的 Auto 按键：按下此按键，示波器会根据输入波形自动调整垂直挡位（伏特/格）、水平时基（时间/格）以及触发方式，使波形显示达最佳状态。

（4）示波器上方的 Run/Stop 按键：可将示波器运行状态设置为运行或停止。

（5）Help 帮助键：按下该键后，再按下任一按键，则会显示对应按键的说明信息。

（6）多功能旋钮：菜单操作时，按下某个菜单选项，转动该旋钮可以选择该菜单的子菜单，然后按下该旋钮，确定选中当前高亮的子菜单项。

（7）探头补偿信号输出端：上侧为信号输出端，下侧为接地端，输出信号为频率 1kHz、峰峰值为 3V 的方波。示波器探头接探头补偿信号输出端，应该显示出该方波信号。我们可以用此方法测试探头好坏。

（8）最后，如果希望将仪器设置为默认设置（出厂设置），按下 Storage 按键，再按下屏幕右侧菜单中“默认设置”对应的按键，仪器即恢复为默认设置。

附录四　信号源的使用方法

信号发生器，通常被称为信号源。在研发、生产、使用、测试和维修各种电子元器件、部件及整机设备时，都需要信号源提供激励信号，由它产生不同频率、不同波形的电压和电流信号，并加到被测器件、设备上，然后通过其他设备观测其输出响应。

RIGOL DG4000 系列信号发生器可以生成各种标准波形，如正弦波、方波、锯齿波、脉冲波等；还可以根据编辑的波表产生需要的任意波；此外还可以产生基本调制信号、扫频信号和脉冲串信号。

DG4000 系列信号发生器面板及各功能键如附录图 13 所示。

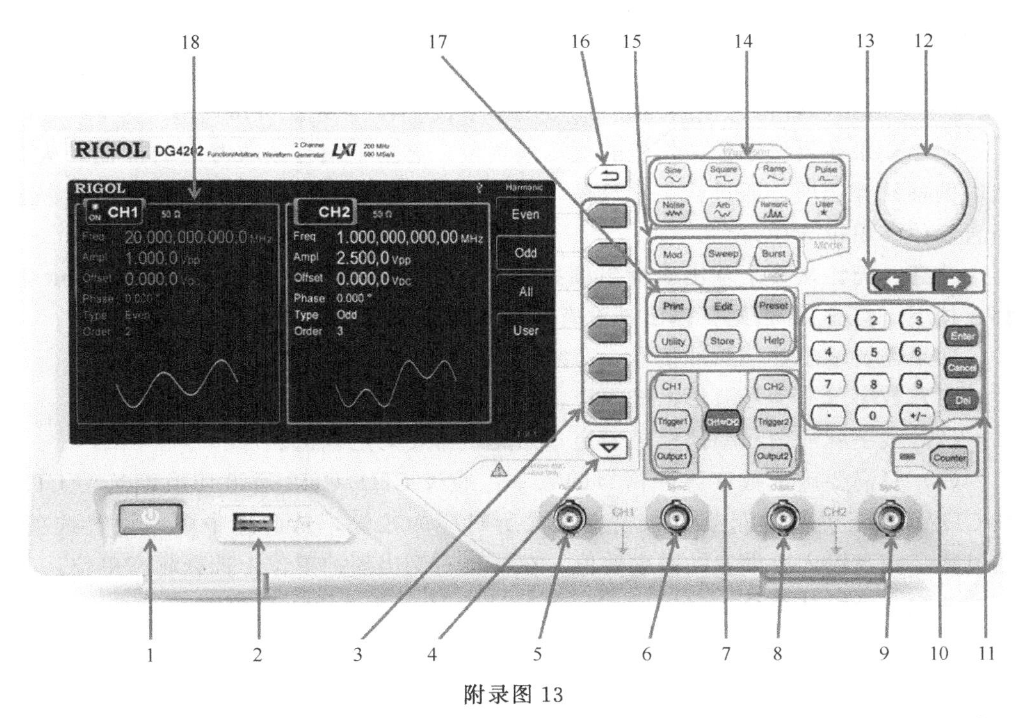

附录图 13

编号	说明	编号	说明
1	电源键	10	频率计
2	USB Host接口	11	数字键盘
3	菜单软键	12	多功能旋钮
4	菜单翻页键	13	方向键
5	CH1输出端	14	波形选择区
6	CH1同步输出端	15	模式选择区
7	通道控制区	16	返回上一级菜单
8	CH2输出端	17	快捷键/辅助功能按键
9	CH2同步输出端	18	LCD

附录图 13　DG4000 系列信号发生器面板及各功能键

信号发生器下侧有四个输出端，分别是两个通道（CH1、CH2）的模拟信号输出端（Output）和数字脉冲信号输出端（Sync）。

如果需要输出正弦波、方波、锯齿波（包括三角波）等模拟信号，必须从 CH1 或 CH2 的 Output 端输出。

（1）通过 CH1/CH2 通道切换键选中 CH1 或 CH2，在波形选择区选择波形。

（2）按下屏幕右侧菜单中频率选项所对应的按键，从而选中频率设置选项，通过数字键盘输入要设置的频率数值，在屏幕右侧出现的单位中选择频率单位。

（3）再按下幅度对应的按键选中幅度设置选项，通过数字键盘输入幅度数值（实验中一般指峰峰值），在屏幕右侧出现的单位中选择 $V_{p\text{-}p}$ 或 $mV_{p\text{-}p}$；

（4）如果还要设定模拟信号的直流偏置量，需按下偏移选项对应的按键，从而选中偏移设置选项，通过数字键盘输入直流偏移数值，在屏幕右侧出现的单位中选择直流偏移单位 VDC。

注意：无论从哪个输出端输出模拟信号波形，通道控制区相对应的 Output 键都应按下（灯亮），否则，输出端没有输出信号。

如果需要输出数字脉冲信号，必须从 CH1 或 CH2 的 Sync 端输出。

（1）数字脉冲信号波形已经固定，因此不需要在波形选择区选择波形。

（2）数字脉冲信号幅值已经固定，因此不需要确定幅值。

（3）只需要确定数字脉冲信号的频率：通过 CH1/CH2 通道切换键选中 CH1 或 CH2，按下屏幕右侧菜单中频率选项所对应的按键，从而选中频率设置选项，通过数字键盘输入要设置的频率数值，在屏幕右侧出现的单位中选择频率单位。

注意：无论从哪个输出端输出数字脉冲信号，通道控制区相对应的 Output 键都应按下（灯亮），否则，输出端没有输出信号。

附录五　Multisim电路仿真软件简介

Multisim 是一款通用的、Windows 风格、功能强大的电路仿真和分析软件，其提供的元器件、仪器仪表以及分析方法丰富，可以进行电路设计与仿真，进行功能测试、性能分析等。鉴于篇幅，不能一一详细说明，下面以书中戴维宁定理实验电路为例对其界面及使用方法进行简介。

（1）从桌面或者开始菜单打开 NI Multisim 14.0 软件，主界面如附录图 14 所示。

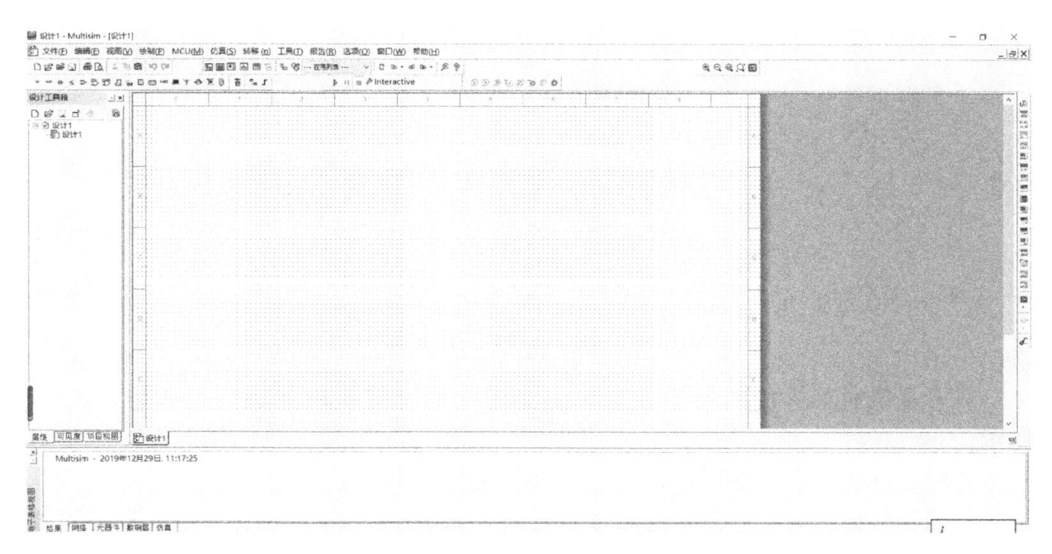

附录图 14　主界面

（2）为创建的文件命名并选择保存的路径，如 Thevins _ theory1. ms14，见附录图 15。

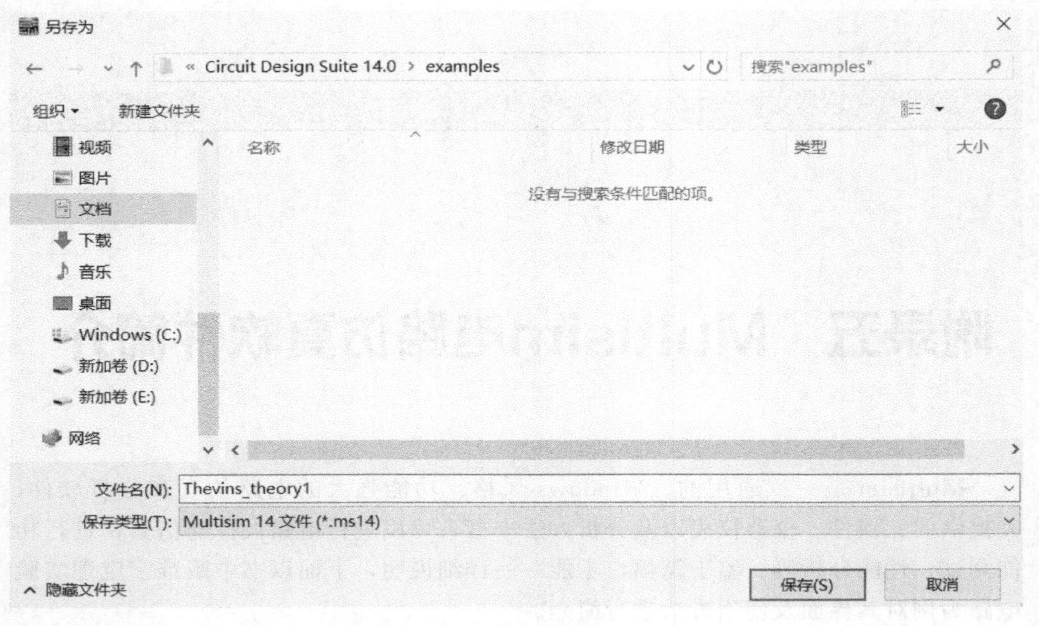

附录图 15　创建文件命名及保存

（3）创建电路。在工具栏中点击相应的元器件库，找到电路所需要的元器件。如附录图 16 所示。

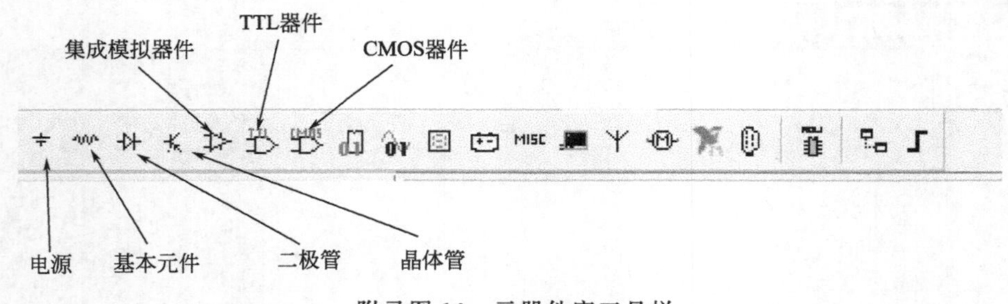

附录图 16　元器件库工具栏

或者从绘制菜单找到元器件选项，找到电路所需要的元器件。如附录图 17 所示。

并将元件放置在电路图设计区域。如附录图 18 所示。

将元器件修改为自己需要的参数和布局，如附录图 19 所示。双击元器件可修改元器件的参数值，选中元器件并点击鼠标右键可以旋转元器件的方向。

根据需要在仿真菜单中选择需要的仪器仪表，如附录图 20 所示。

也可以直接在右侧仪器仪表工具栏点击图标选择，鼠标放在相应图标上会显示相应的仪表名称。如附录图 21 所示。

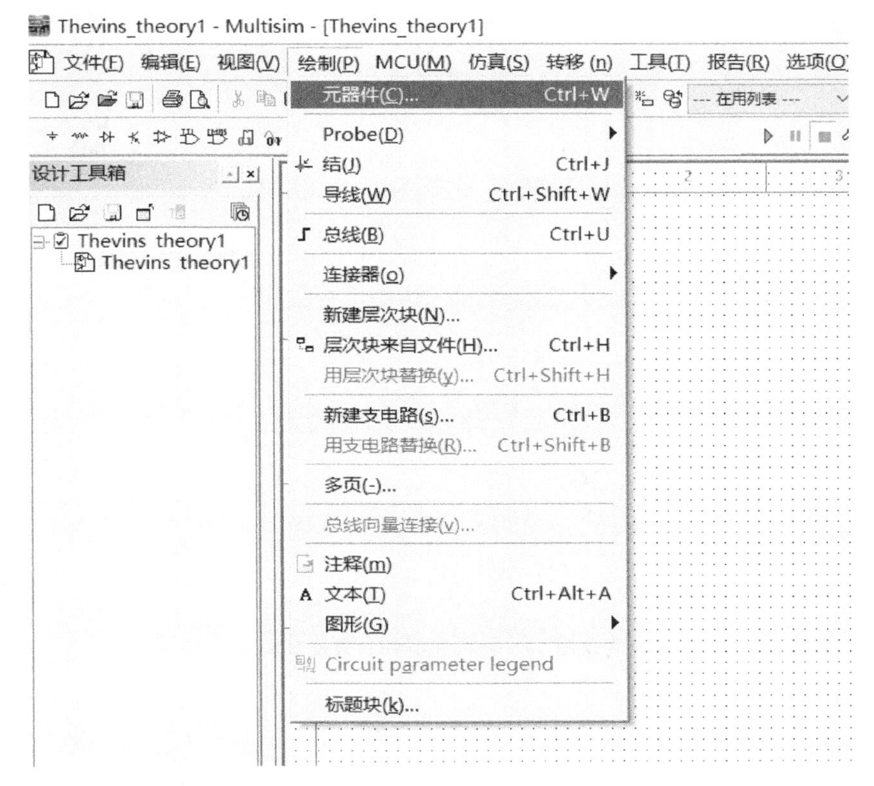

附录图 17　从绘制菜单选择元器件

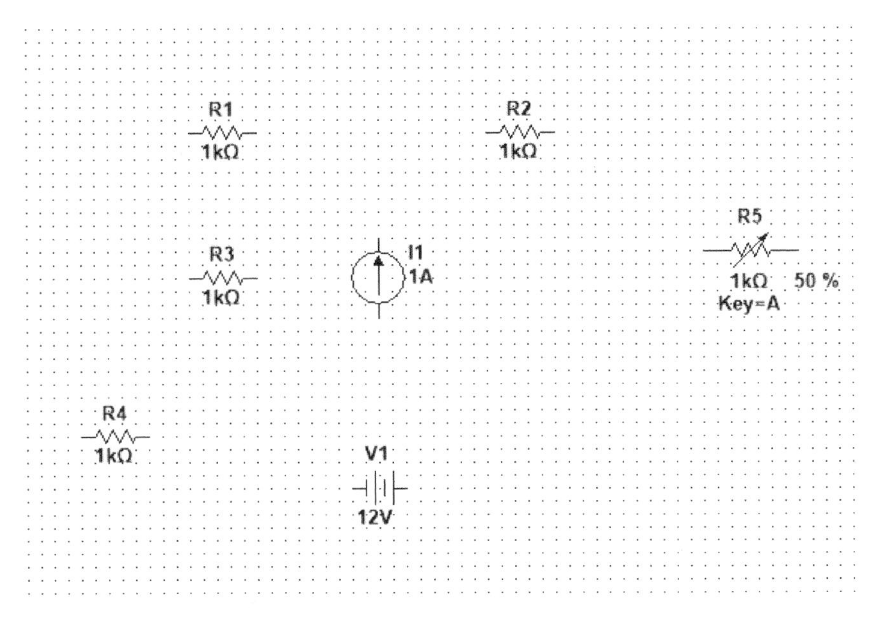

附录图 18　在电路图设计区域放置元器件

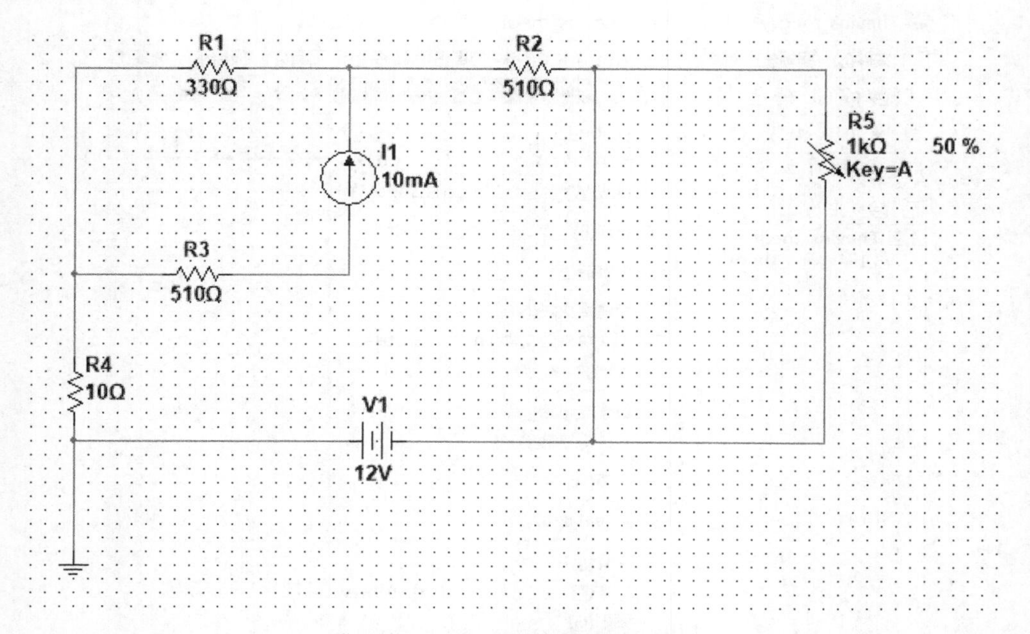

附录图 19　修改元器件参数及布局

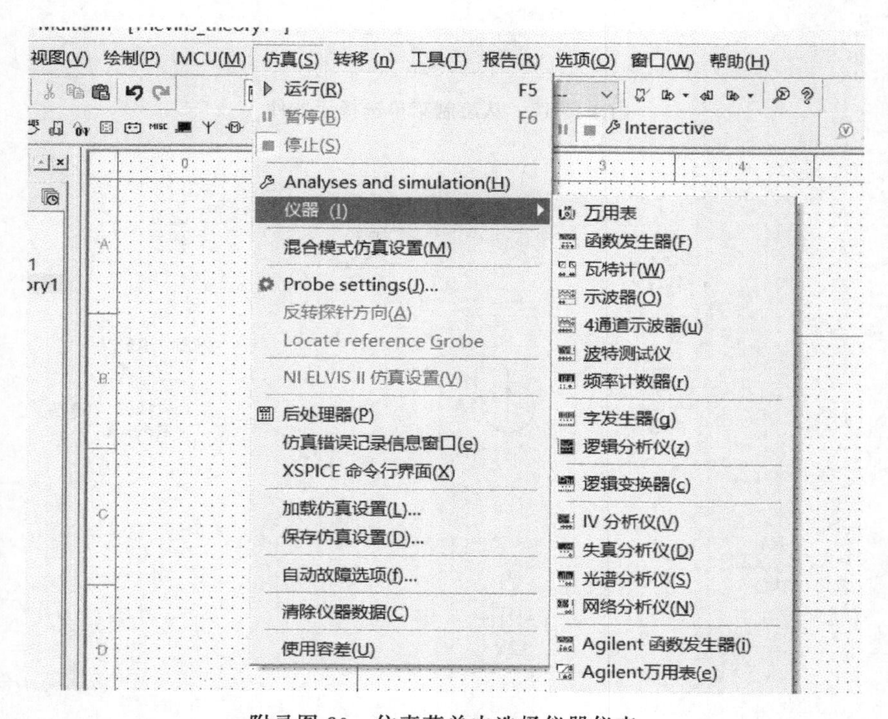

附录图 20　仿真菜单中选择仪器仪表

附录图 21　仪器仪表工具栏

电路搭建完成后，可对电路进行相关测量分析。如测量开路电压，需要选择万用表，并使用直流电压挡。单击绿色的运行图标，双击万用表，则读出开路电压，如附录图 22 所示。

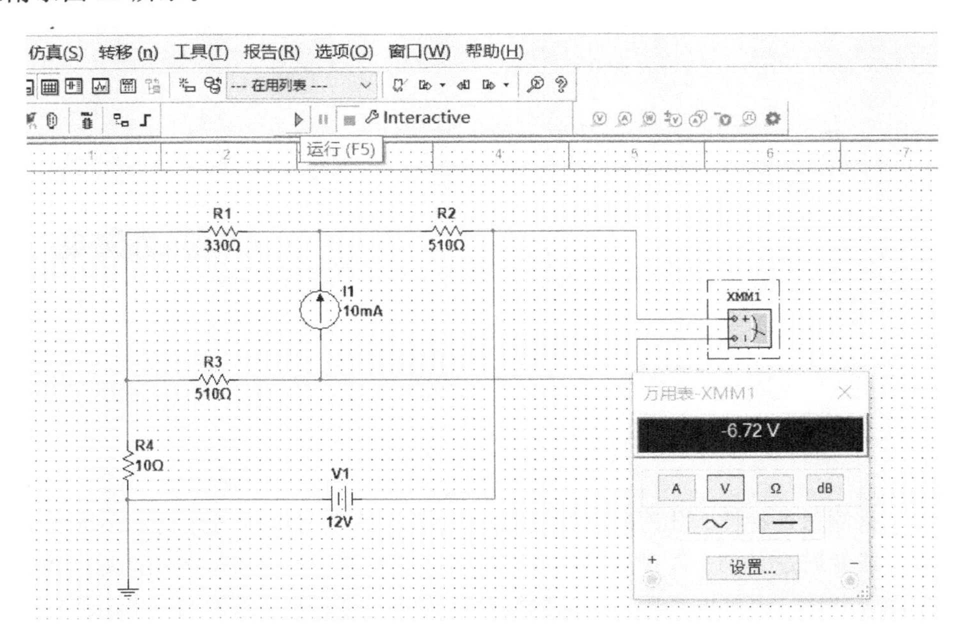

附录图 22　测量开路电压

下面可以改变电路测量短路电流，如附录图 23 所示。

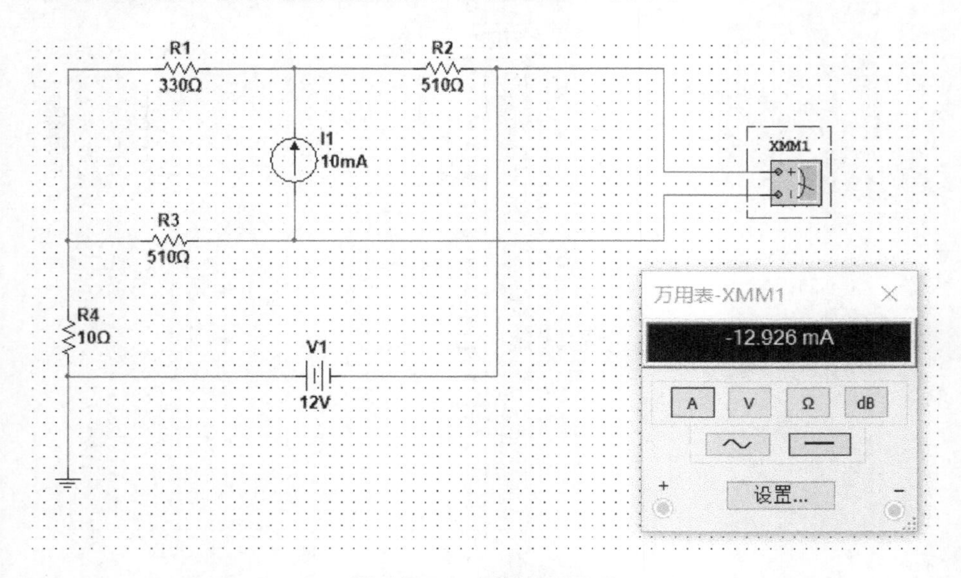

附录图 23　测量短路电流

除了可以采用开路电压、短路电流法计算原二端网络的等效电阻，也可以改变电路采用除源法直接用万用表测量。如附录图 24 所示。

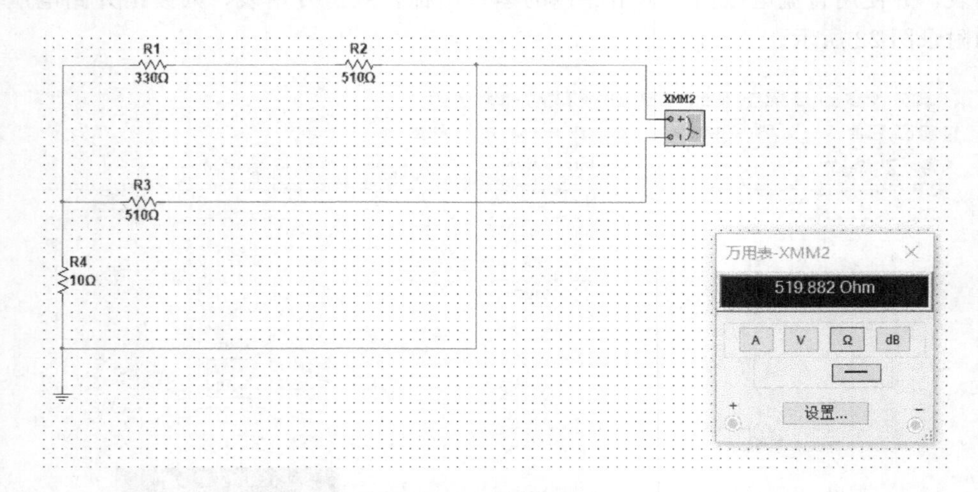

附录图 24　测量等效电阻

接下来测量外特性。如附录图 25 所示，可调负载电阻可以通过大写字母键 A 增加阻值，或者通过 shift＋A 键减小阻值。双击该电阻图标可以修改控制的键和每按一次改变的百分比。也可以直接通过鼠标拖动可调电阻的百分比条来调节电阻值。

接下来可以搭建等效电路，测量等效二端网络的外特性。如附录图 26 所示。

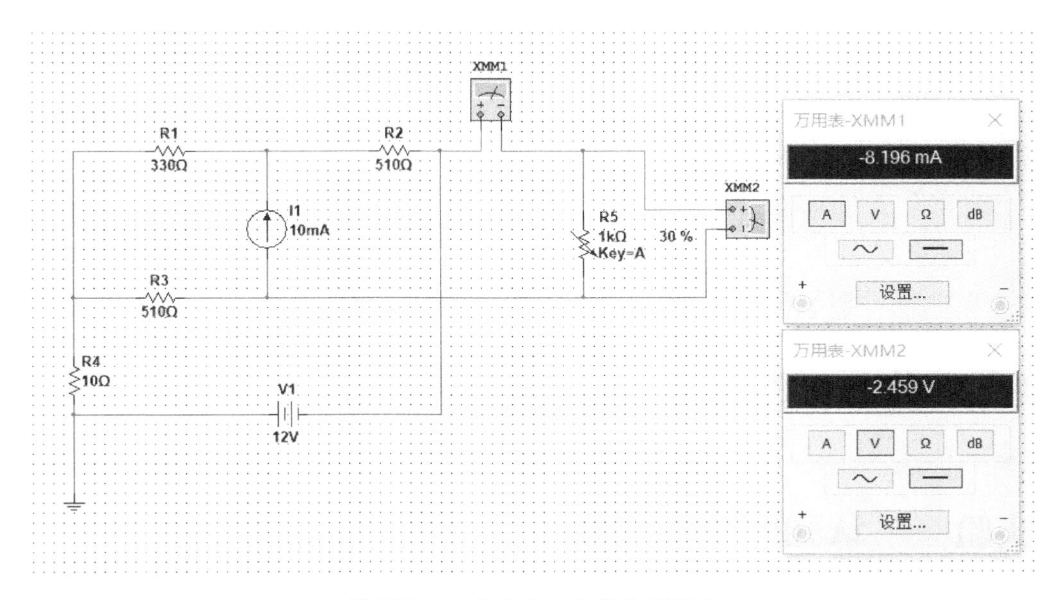

附录图 25　原电路网络外特性测量

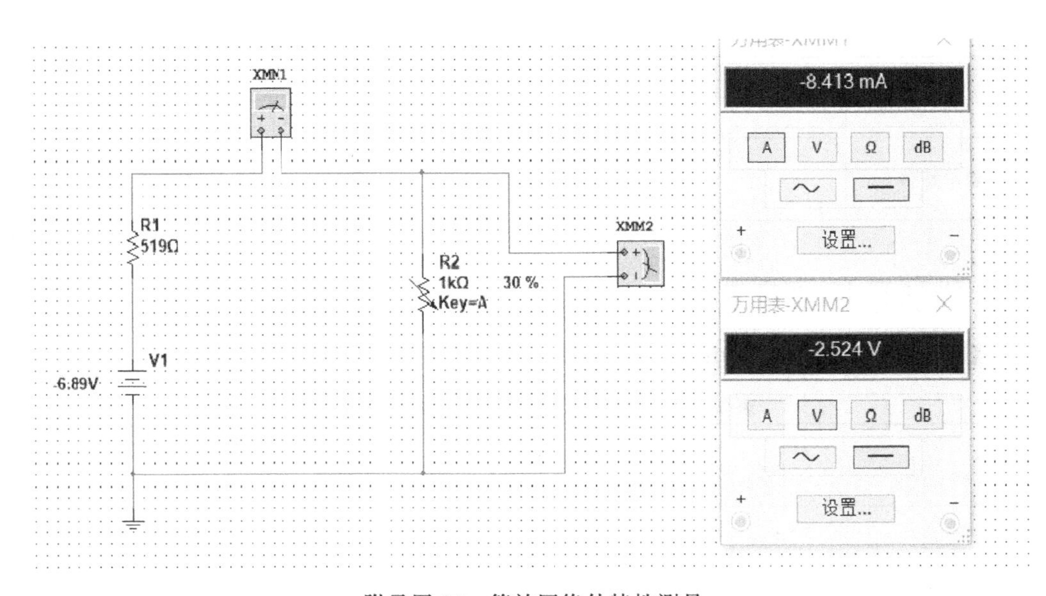

附录图 26　等效网络外特性测量

至此，戴维宁定理实验的相关测量就全部完成了。

除了以上最基本的功能外，Multisim 软件中还可以设置电压探针、电流探针等测试电位和电流，采用直流分析、交流分析对模拟电路进行仿真分析，采用逻辑分析仪对数字电路进行相关分析等。

附录六　实验记录

实验一　认知实验及元件特性测量

一、实验完成情况

项目	预习报告	实验 1-1	实验 1-2	实验 1-3	实验 1-4	实验 1-5
教师签章						

二、实验数据记录及处理

【实验 1-1】使用 Multisim 软件进行电阻伏安特性仿真研究（预习）

表 1-1　电阻伏安特性仿真测试结果记录表

U/V	0	1	3	5	8	12	15	20	21	22	23
I/mA											

【实验 1-2】电阻伏安特性研究（必做）

表 1-2　电阻伏安特性测试结果记录表

U/V	0	1	3	5	8	12	15	20	21	22	23
I/mA											

班级：________姓名：________学号：________实验导师：________实验日期：________

【实验 1-3】二极管单向导电特性研究（必做）

表 1-3　二极管正向特性测试数据表

U/V	0	0.1	0.3	0.5	0.53	0.55	0.58	0.60	0.63	0.65	0.70	0.75
I/mA												

表 1-4　二极管反向特性测试数据表

U/V	0	0.5	1	2	3	4	8
I/mA							

【实验 1-4】二极管的识别与简单测试（选做）

表 1-5　二极管正反向电阻及质量检测结果记录表

二极管名称	正向电压	正向电阻	反向电阻	测电阻挡位	二极管质量
1N4007					

【实验 1-5】白炽灯伏安特性测试（选做）

表 1-6　白炽灯伏安特性测量数据

电压/V	0	10	30	50	80	120	150	200	210	220	230
电流/A											

三、思考题

（1）线性电阻与非线性电阻的概念是什么？电阻与二极管的伏安特性有何区别？

（2）稳压二极管与普通二极管有何区别，其用途如何？

（3）根据实验结果，分别在坐标纸上绘制出光滑的伏安特性曲线，其中二极管的正反向特性要求绘制在同一张图中，正反向电压可取为不同的比例尺。

四、实验总结、心得体会及建议

简单总结本次实验，200～300字，从需要掌握的理论、遇到的困难、解决的办法以及经验教训等方面进行总结。

对本实验内容、过程及方法的改进建议（选填）。

班级：________姓名：________学号：________实验导师：________实验日期：________

实验二　基本电路定理及应用

一、实验完成情况

项目	预习报告	实验 2-1	实验 2-2	实验 2-3	实验 2-4	实验 2-5
教师签章						

二、实验数据记录及处理

【实验 2-1】使用 Multisim 软件对基尔霍夫定律进行仿真（预习）

表 2-1　$R_1=R_2=R_3=R_4=R_5=1k\Omega$ 仿真数据（1）　　单位：V

U_{R1}	U_{R2}	U_{R3}	U_{R4}	U_{R5}	$U_{R1}+U_{R2}+U_{R5}$	$U_{R3}+U_{R4}+U_{R5}$

表 2-2　$R_1=R_2=R_3=R_4=R_5=1k\Omega$ 仿真数据（2）　　单位：mA

i_1	i_2	i_3	$i_1+i_2+i_3$

表 2-3　$R_1=R_2=R_4=R_5=1k\Omega$，$R_3=500\Omega$ 仿真数据（1）　　单位：V

U_{R1}	U_{R2}	U_{R3}	U_{R4}	U_{R5}	$U_{R1}+U_{R2}+U_{R5}$	$U_{R3}+U_{R4}+U_{R5}$

班级：________姓名：________学号：________实验导师：________实验日期：________

表 2-4　$R_1=R_2=R_4=R_5=1k\Omega$，$R_3=500\Omega$ 仿真数据（2）　单位：mA

I_1	I_2	I_3	$I_1+I_2+I_3$	I_4	I_5	I_6	$I_4+I_5+I_6$

仿真结果及分析：

R_5 两端电压与 R_4 阻值关系的公式推导：

【实验 2-2】使用 Multisim 软件对叠加定理进行仿真（预习）

表 2-5　$R_4=1k\Omega$ 仿真数据

独立源	V_S 单独作用	I_S 单独作用	V_S、I_S 共同作用
U_{R5}/V			

表 2-6　R_4 替换为二极管仿真数据

独立源	V_S 单独作用	I_S 单独作用	V_S、I_S 共同作用
U_{R5}/V			

仿真结果分析：

班级：________姓名：________学号：________实验导师：________实验日期：________

【实验 2-3】验证基尔霍夫定律（必做）

表 2-7　R_5 =330Ω 时数据

U_1/V	U_2/V	U_{R1}/V	U_{R2}/V	U_{R3}/V	U_{R4}/V	U_{R5}/V
I_1/mA	I_2/mA	I_3/mA	——	——	——	——
			——	——	——	——

表 2-8　R_5 替换为二极管时数据

U_1/V	U_2/V	U_{R1}/V	U_{R2}/V	U_{R3}/V	U_{R4}/V	U_{R5}/V
I_1/mA	I_2/mA	I_3/mA	——	——	——	——
			——	——	——	——

结果分析：

【实验 2-4】验证叠加定理（必做）

表 2-9　叠加定理测量数据

电压	U_{R1}/V	U_{R2}/V	U_{R3}/V	U_{R4}/V	U_{R5}/V
U_1=0.0V,U_2=12.0V					
U_1=6.0V,U_2=0.0V					
U_1=6.0V,U_2=12.0V					

班级：________姓名：________学号：________实验导师：________实验日期：________

结果分析：

【实验 2-5】验证戴维宁等效定理（必做）

表 2-10　开路电压短路电流法及定义法测得参数

U_{OC}/V	I_{SC}/mA	R_O/Ω

表 2-11　半电压法测得参数

U_{OC}/V	U_L/V	R_L/Ω	R_O/Ω

表 2-12　不同负载下的原二端口特性

R_L/Ω	100	300	500	700	900
U_{AB}/V					
I_L/mA					

自行设计的戴维宁等效电路参数：

U_S=________V，R_O=________Ω

班级：________姓名：________学号：________实验导师：________实验日期：________

表 2-13　所设计二端网络在不同负载下的等效端口特性

R_L/Ω	100	300	500	700	900
U_L/V					
I_L/mA					

原二端口及等效二端口的外特性曲线：

三、思考题

（1）简述你所知道的电路定律及适用的条件。

（2）戴维宁定理的适用条件、电压源方向如何确定？有几种求等效电阻的方法，应该注意什么？

（3）本实验中，一路采用直流电压源，一路采用交流电压源，KCL、KVL 是否成立？

班级：________姓名：________学号：________实验导师：________实验日期：________

四、实验总结、心得体会及建议

简单总结本次实验，200～300 字，从需要掌握的理论、遇到的困难、解决的办法以及经验教训等方面进行总结。

对本实验内容、过程及方法的改进建议（选填）。

班级：________姓名：________学号：________实验导师：________实验日期：________

实验三　受控源与运算放大器电路的研究

一、实验完成情况

项目	预习报告	实验 3-1	实验 3-2	实验 3-3	实验 3-4	实验 3-5	实验 3-6
教师签章							

二、实验数据记录及处理

【实验 3-1】使用 Multisim 软件进行 CCCS 受控源的仿真研究（预习）

表 3-1　CCCS（电流控制的电流源）**认识实验**

I_1/A	0	1	2	3	4
I_2/A					

【实验 3-2】对 VCCS（电压控制的电流源）**的认识实验**（必做）

表 3-2　VCCS（电压控制的电流源）**认识实验**

U_1/V	0	1	2	3	4
I_2/mA					

转移电导 g 的平均值：

【实验 3-3】同相比例运算电路的研究（必做）

表 3-3　同相比例运算电路实验数据

U_i/V	0	0.5	1	1.5	2	3
U_o/V						

班级：________姓名：________学号：________实验导师：________实验日期：________

表 3-4　同相比例运算电路负载特性实验数据

R_L/Ω	50	70	100	200	300	400	1000
U_o/V							

【实验 3-4】电压跟随器的隔离作用研究（必做）

表 3-5　电压跟随器实验数据

R_L/Ω	100k	10k	1k	510	200	51
(图 3-4)U_O/V						
(图 3-5)U_O/V						

分析及结论：

【实验 3-5】减法器电路研究（必做）

表 3-6　减法器电路实验数据

U_{i1}/V	U_{i2}/V	U_o/V	U_o 和 U_{i1}、U_{i2} 的关系式
4	6		
–1	6		

班级：________姓名：________学号：________实验导师：________实验日期：________

【实验 3-6】电压比较器电路研究（选做）

输出波形图粘贴处：

正弦波：　　　　　　　　　三角波：　　　　　　　　　方波：

三、思考题

（1）说明四种受控源控制系数 μ、g、γ、β 的意义各是什么？

（2）受控源和独立电源相比有何异同点？

（3）若受控源控制量的极性反向，其输出极性是否发生变化？

班级：________姓名：________学号：________实验导师：________实验日期：________

四、实验总结、心得体会及建议

简单总结本次实验，200～300 字，从需要掌握的理论、遇到的困难、解决的办法以及经验教训等方面进行总结。

对本实验内容、过程及方法的改进建议（选填）。

班级：________姓名：________学号：________实验导师：________实验日期：________

实验四 动态电路的研究

一、实验完成情况

项目	预习报告	实验 4-1	实验 4-2	实验 4-3	实验 4-4	实验 4-5	实验 4-6	实验 4-7
教师签章								

二、实验数据记录及处理

【实验 4-1】使用 Multisim 软件进行直流激励下 *RC* 电路的仿真研究（预习）

（1）

（2）

（3）

班级：________姓名：________学号：________实验导师：________实验日期：________

【实验 4-2】一阶 *RC* 电路暂态过程及时间常数的测定（必做）

（1）$R=10\text{k}\Omega$，$C=3300\text{pF}$ 时 *RC* 串联电路时间常数的理论值：$\tau=RC=$ ________；

（2）$R=10\text{k}\Omega$，$C=3300\text{pF}$ 时电路激励与响应波形图粘贴处：

实际测量的时间常数 $\tau=$ ________。

【实验 4-3】*RC* 积分电路的观测（必做）

$R=10\text{k}\Omega$，$C=0.1\mu\text{F}$ 时电路激励与响应波形图粘贴处：

增大或减小 C 值对波形的影响：________________________________。

【实验 4-4】*RC* 微分电路的观测（必做）

$R=510\Omega$，$C=0.01\mu\text{F}$ 时电路激励与响应波形图粘贴处：

增大或减小 R 值对波形的影响：________________________________。

【实验 4-5】使用 Multisim 软件进行正弦激励下 *RC*、*RL* 电路零状态响应的仿真研究（选做）

【实验 4-6】使用 Multisim 软件进行二阶 *RLC* 串联电路的仿真研究（选做）

【实验 4-7】设计一个便携闪光灯电路（选做）

三、思考题

（1）电感元件和电容元件是否一定是线性元件？

（2）一阶电路采用三要素法求解需要满足的条件是什么？

（3）改变激励电压信号的幅值，是否能改变过渡过程的快慢？为什么？

班级：________姓名：________学号：________实验导师：________实验日期：________

四、实验总结、心得体会及建议

简单总结本次实验，200～300字，从需要掌握的理论、遇到的困难、解决的办法以及经验教训等方面进行总结。

对本实验内容、过程及方法的改进建议（选填）。

班级：________姓名：________学号：________实验导师：________实验日期：________

实验五　*RLC* 元件交流特性测量及研究

一、实验完成情况

项目	预习报告	实验 5-1	实验 5-2	实验 5-3	实验 5-4	实验 5-5	实验 5-6	实验 5-7
教师签章								

二、实验数据记录及处理

【实验 5-1】使用 Multisim 软件对电容和电感的交流电压与交流电流之间相位关系进行仿真（预习）

（1）A、B 两路波形相位关系

表 5-1　A、B 两路波形相位关系实验相关数据

	信号频率/Hz	CHA V_{p-p}/V	CHB V_{p-p}/V	CHA、CHB 相位差/rad	$\|Z\|/\Omega$	I_{p-p}/mA
电容 C	10					
	159.155					
	10k					
电感 L	10k					
	159.155k					
	10M					

（2）$f=10$Hz，$R=1$kΩ，$C=1\mu$F 时 A、B 两路波形相位关系图形粘贴处

班级：________姓名：________学号：________实验导师：________实验日期：________

（3） f=159.155Hz，R=1kΩ，C=1μF 时 A、B 两路波形相位关系图形

（4） f=10kHz，R=1kΩ，C=1μF 时 A、B 两路波形相位关系图形

（5） f=10kHz，R=1kΩ，L=1mH 时 A、B 两路波形相位关系图形

（6） f=159.155kHz，R=1kΩ，L=1mH 时 A、B 两路波形相位关系图形

（7） f=10MHz，R=1kΩ，L=1mH 时 A、B 两路波形相位关系图形

班级：________姓名：________学号：________实验导师：________实验日期：________

班级：________姓名：________学号：________实验导师：________实验日期：________

【实验 5-2】使用 Multisim 软件对 *RLC* 的频率选择特性进行仿真（预习）

（1）f＝159.155kHz，R＝1Ω，C＝1nF，L＝1mH 时 A、B 两路波形及频率成分

（2）f＝53.05kHz，R＝1Ω，C＝1nF，L＝1mH 时 A、B 两路波形及频率成分

（3）f＝477.465kHz，R＝1Ω，C＝1nF，L＝1mH 时 A、B 两路波形及频率成分

（4）f＝159.155kHz，C＝1nF，L＝1mH，R 分别取 1Ω、1kΩ 和 1MΩ 时 *RLC* 电路频率响应曲线

班级：________姓名：________学号：________实验导师：________实验日期：________

班级：________姓名：________学号：________实验导师：________实验日期：________

【实验 5-3】电容和电感的交流电压与交流电流之间相位关系的测量（必做）

（1）R＝1kΩ，C＝1μF 时 RC 电路的特征频率及推导过程：

R＝1kΩ，L＝10mH 时 RC 电路的特征频率及推导过程：

（2）通过示波器测量得到的 CH1 和 CH2 两路波形相位差

表 5-2　CH1 和 CH2 两路波形相位差测量相关数据

	信号频率/Hz	CH1 V_{p-p}/V	CH2 V_{p-p}/V	CH1-2 相位差/rad	$\|Z\|$/Ω	I_{p-p}/mA
电容 C	10					
	159.155					
	10k					
电感 L	1k					
	15.915k					
	1M					

（3）波形粘贴处

R＝1kΩ，C＝1μF，f＝10Hz

R＝1kΩ，C＝1μF，f＝159.155Hz

班级：________姓名：________学号：________实验导师：________实验日期：________

$R=1\text{k}\Omega$，$C=1\mu\text{F}$，$f=10\text{kHz}$　　　　$R=1\text{k}\Omega$，$L=10\text{mH}$，$f=15.915\text{kHz}$

$R=1\text{k}\Omega$，$L=10\text{mH}$，$f=1\text{kHz}$　　　　$R=1\text{k}\Omega$，$L=10\text{mH}$，$f=1\text{MHz}$

【实验 5-4】*RLC* 的频率选择特性（必做）

（1）$R=100\Omega$，$C=1\mu\text{F}$，$L=10\text{mH}$ 组成的 *RLC* 电路谐振频率及其推导过程

（2）R 取值不同时 CH1 和 CH2 通道波形、波形峰峰值 $V_{\text{p-p}}$ 及频率关系

表 5-3　$R=100\Omega$，$C=1\mu\text{F}$，$L=10\text{mH}$

信号频率/Hz	CH1 $V_{\text{p-p}}$/V	CH2 $V_{\text{p-p}}$/V	CH1 波形及频率	CH2 波形及频率	$\|Z\|/\Omega$
530.5					
1.592k					
4.775k					

班级：________姓名：________学号：________实验导师：________实验日期：________

表 5-4 $R=1k\Omega$，$C=1\mu F$，$L=10mH$

信号频率/Hz	CH1 V_{p-p}/V	CH2 V_{p-p}/V	CH1 波形及频率	CH2 波形及频率	$\|Z\|/\Omega$
1.592					
530.5					
1.592k					
4.775k					

增大或减小 R 值对波形的影响：________________________________。

（3）波形粘贴处：

$R=100\Omega$，$C=1\mu F$，$L=10mH$，$f=530.5kHz$

$R=100\Omega$，$C=1\mu F$，$L=10mH$，$f=1.592kHz$

$R=100\Omega$，$C=1\mu F$，$L=10mH$，$f=4.775kHz$

$R=1\text{k}\Omega$，$C=1\mu\text{F}$，$L=10\text{mH}$，$f=530.5\text{kHz}$

$R=1\Omega$，$C=1\mu\text{F}$，$L=10\text{mH}$，$f=1.592\text{kHz}$

$R=1\text{k}\Omega$，$C=1\mu\text{F}$，$L=10\text{mH}$，$f=4.775\text{kHz}$

【实验 5-5】电路幅频特性曲线的绘制（必做）

波形粘贴处：（在图中将幅频特性曲线描绘出来）

$R=100\Omega$，$C=1\mu\text{F}$，$L=10\text{mH}$

班级：________姓名：________学号：________实验导师：________实验日期：________

$R=1\text{k}\Omega$，$C=1\mu\text{F}$，$L=10\text{mH}$

【实验 5-6】对未知电路或负载的阻性、容性、感性成分的分析（选做）

（1）测量方法阐述

（2）测量电路及测量结果图片

（3）联立方程计算 R、L 和 C 的成分的过程

班级：________姓名：________学号：________实验导师：________实验日期：________

（4）还原电路完整结构的可行性的分析

【实验 5-7】使用 *RLC* 电路实现 50Hz 工频带阻滤波器（选做）

（1）50Hz 带阻滤波器电路图

（2）电路仿真结果（图片）

滤波器的输入和输出的示波器两路波形

滤波器的输入和输出的频率成分

滤波器的幅频特性曲线

班级：________姓名：________学号：________实验导师：________实验日期：________

（3）选择此电路结构的理由（含公式）

三、思考题

1. 实验 5-1

（1）步骤（2）中频率为什么选择 159.155Hz 而不是其他值？

（2）当选定电阻和电容/电感的大小后，改变输入电压信号的频率时，输出的波形峰峰值有什么变化，为什么会有这样的变化？

（3）图 5-5 电路中的电阻 R 的作用是什么，示波器通道 A 为什么要跨接在电阻 R 两端而不是接在电阻和地上，R_X 的作用是什么？

2. 实验 5-2

（1）结合步骤（4）中的频率响应曲线，说明步骤（1）～（3）中所选频率是否合适，如果合适，请说明理由；如不合适，请给出合适的频率并说明理由。

（2）步骤（1）～（3）中通过示波器观察到 B 通道的波形除了频率之外在波形形状上有什么不同，为什么会有这种不同？

（3）从频谱分析仪的分析点数以及量程分析步骤（1）～（3）中通过频谱分析仪得到的各频率成分与理论值有什么区别，为什么会有这种区别？

班级：________姓名：________学号：________实验导师：________实验日期：________

四、实验总结、心得体会及建议

简单总结本次实验，200～300 字，从需要掌握的理论、遇到的困难、解决的办法以及经验教训等方面进行总结。

对本实验内容、过程及方法的改进建议（选填）。

班级：________姓名：________学号：________实验导师：________实验日期：________

实验六　单相交流电路实验

一、实验完成情况

项目	预习报告	实验 6-1	实验 6-2	实验 6-3	实验 6-4	实验 6-5
教师签章						

二、实验数据记录及处理

【实验 6-1】*RC* 串联电路（必做）

表 6-1　*RC* 串联电路测量值

U/V	U_R/V	U_C/V

电源电压、电阻电压和电容两端的电压的有效值 U、U_R、U_C 之间满足的关系式为：

班级：________姓名：________学号：________实验导师：________实验日期：________

【实验 6-2】使用 Multisim 软件进行 *RC* 串联电路移相作用的仿真研究（选做）

表 6-2 *RC* 串联电路仿真数据

U	U_R	U_C

【实验 6-3】*RC* 并联电路（必做）

表 6-3 *RC* 并联电路测量值

I/mA	I_R/mA	I_C/mA

总电流、电阻电流和电容上的电流的有效值 I、I_R、I_C 之间满足的关系式为：

【实验 6-4】电感线圈（日光灯镇流器）等值参数的测量（选做）

表 6-4 电感线圈（日光灯镇流器）等值参数测量数据

P/W	I/A	U/V	U_{rL}/V	U_R/V	$\cos\varphi$

【实验 6-5】功率因数提高实验（必做）

表 6-5　功率因数提高实验测量数据

电容值/μF	P/W	U/V	I/A	I_C/A	$\cos\varphi$
0.47					
1					
4.7					

三、思考题

（1）把电容器与阻感性负载并联可改善负载的功率因数，若把电容器与阻感性负载串联，能否改善负载的功率因数？为什么？有何缺点？能否采用？

（2）在功率因数提高实验中，电路总的有功功率是否改变？为什么？

（3）通过并联电容器来改善负载的功率因数，均在负载方并联电容，可否改成在供电方并联电容？

班级：________姓名：________学号：________实验导师：________实验日期：________

四、实验总结、心得体会及建议

简单总结本次实验，200～300字，从需要掌握的理论、遇到的困难、解决的办法以及经验教训等方面进行总结。

对本实验内容、过程及方法的改进建议（选填）。

班级：________姓名：________学号：________实验导师：________实验日期：________

实验七　三相交流电路的研究

一、实验完成情况

项目	预习报告	实验 7-1	实验 7-2	实验 7-3	实验 7-4	实验 7-5
教师签章						

二、实验数据记录及处理

【实验 7-1】使用 Multisim 软件进行三相负载 Y 接仿真分析（预习）

表 7-1　三相对称 Y 负载的电压、电流

分类 \ 项目		线电压/V			相电压/V			线电流/A		
		U_{UV}	U_{VW}	U_{WU}	U_{UN}	U_{VN}	U_{WN}	I_U	I_V	I_W
负载对称	有中性线									
	无中性线									
负载不对称	有中性线									
	无中性线									

班级：________姓名：________学号：________实验导师：________实验日期：________

【实验 7-2】三相负载 Y 接（必做）

表 7-2 三相负载 Y 接测量数据

实验内容（负载情况）\ 测量数据		开灯组数			线/相电流/A			相电压/V			中线电流 I_N/A	中点电压 U_{N0}/V
		U相	V相	W相	I_U	I_V	I_W	U_{U0}	U_{V0}	U_{W0}		
对称负载	Y_0 接	1	1	1								
	Y接	1	1	1								
不对称负载	Y_0 接	1	2	1								
	Y接	1	2	1								

【实验 7-3】三相负载△接（必做）

表 7-3 三相负载△接测量数据

负载情况	开灯组数			线电流/A			相电流/A		
	U-V相	V-W相	W-U相	I_U	I_V	I_W	I_{UV}	I_{VW}	I_{WU}
对称负载	1	1	1						
不对称负载	1	2	3						

【实验 7-4】三相功率的测量（必做）

表 7-4 三相功率测量二瓦计法测量数据

负载情况	开灯组数			测量数据		计算值
	U相	V相	W相	P_1/W	P_2/W	ΣP/W
△对称负载	1	1	1			
△不对称负载	1	2	1			

班级：________姓名：________学号：________实验导师：________实验日期：________

表 7-5　一表法测三相功率实验数据

负载情况	开灯组数			测量数据			三相总功率
	U 相	V 相	W 相	P_U/W	P_V/W	P_W/W	ΣP/W
Y_0 对称负载	1	1	1				
Y_0 不对称负载	1	2	1				

【实验 7-5】三相相序测量（选做）

相序测量实验记录及判别过程：

三、思考题

（1）说明三相四线制中线的作用。若中线断了，对负载有什么影响？

（2）为什么用二瓦特表法可以测量三相三线制电路中负载的有功功率？

（3）测量功率时，为什么在电路中通常都接有电流表和电压表？

（4）分析实验 7-5 原理（选做）。

班级：________姓名：________学号：________实验导师：________实验日期：________

四、实验总结、心得体会及建议

简单总结本次实验，200～300 字，从需要掌握的理论、遇到的困难、解决的办法以及经验教训等方面进行总结。

对本实验内容、过程及方法的改进建议（选填）。

班级：________姓名：________学号：________实验导师：________实验日期：________

实验八　直流稳压电源

一、实验完成情况

项目	预习报告	实验 8-1	实验 8-2	实验 8-3
教师签章				

二、实验数据记录及处理

【实验 8-1】使用 Multisim 软件进行整流电路仿真分析（预习）

表 8-1　半波整流电路仿真结果

变压器副边电压 AC+/V	整流电压 ZL/V

表 8-2　全波整流电路仿真结果

变压器副边电压 AC+/V	整流电压 ZL/V

表 8-3　桥式整流电路仿真结果

变压器副边电压 AC+/V	整流电压 ZL/V

班级：________姓名：________学号：________实验导师：________实验日期：________

班级：________姓名：________学号：________实验导师：________实验日期：________

【实验 8-2】整流滤波电路实验（必做）

表 8-4　直流稳压电源实验测量数据及波形记录

<table>
<tr><th colspan="2" rowspan="2">实验条件</th><th rowspan="2">线路连接
S_1、S_2、S_3</th><th colspan="2">数值</th><th colspan="2" rowspan="2">波形</th></tr>
<tr><th>实测值</th><th>理论值</th></tr>
<tr><td colspan="2" rowspan="2">整流带负载</td><td rowspan="2">仅 S_3 接通</td><td>U_2</td><td>实测值 U_2</td><td>1</td><td rowspan="8">说明：
(1) 在坐标纸上绘制波形图；
(2) 波形的幅值及直流电压波动范围要标清楚</td></tr>
<tr><td>V_C</td><td></td><td>2</td></tr>
<tr><td rowspan="3">整流滤波</td><td>带负载 R_L</td><td>S_1 接通、S_3 接通</td><td>V_C</td><td></td><td>3</td></tr>
<tr><td rowspan="2">R_L 开路</td><td rowspan="2">仅 S_1 接通</td><td>V_L</td><td></td><td>4</td></tr>
<tr><td>V_C</td><td></td><td>5</td></tr>
<tr><td colspan="2" rowspan="3">整流、滤波、稳压</td><td rowspan="3">S_1、S_2、S_3 均接通</td><td>V_C</td><td></td><td>6</td></tr>
<tr><td>V_R</td><td></td><td>7</td></tr>
<tr><td>V_L</td><td></td><td>8</td></tr>
</table>

【实验 8-3】串联型稳压电路性能测试实验（选做）

表 8-5　$U_2=16V$，$U_O=12V$，$I_O=100mA$

	T_1	T_2
U_B/V		
U_C/V		
U_E/V		

班级：________姓名：________学号：________实验导师：________实验日期：________

班级：________姓名：________学号：________实验导师：________实验日期：________

表 8-6　$I_O=100mA$

测试值			计算值
U_2/V	U_I/V	U_O/V	S
14			$S_{12}=$ $S_{23}=$
16		12	
18			

表 8-7　$U_2=16V$

测试值		计算值
I_O/mA	U_O/V	R_O/Ω
空载		$R_{012}=$ $R_{023}=$
50	12	
100		

三、思考题

（1）在桥式整流电路实验中，能否用双踪示波器同时观察 u_2 和 v_L 波形？

（2）在桥式整流电路中，如果某个二极管发生开路、短路或反接三种情况，会出现什么问题？

（3）怎样提高稳压电源的性能指标？

班级：________姓名：________学号：________实验导师：________实验日期：________

（4）分析保护电路工作原理。

（5）目前，工农业及日常生活中所使用的电源都有哪几类，各自有哪些特点及适用的场合？若将来能源紧缺，什么样的能源形式会应用更广泛？

四、实验总结、心得体会及建议

简单总结本次实验，200～300字，从需要掌握的理论、遇到的困难、解决的办法以及经验教训等方面进行总结。

对本实验内容、过程及方法的改进建议（选填）。

班级：________姓名：________学号：________实验导师：________实验日期：________

班级：________姓名：________学号：________实验导师：________实验日期：________

实验九　二、三极管的认知及单管共射放大电路的研究

一、实验完成情况

项目	预习报告	实验 9-1	实验 9-2	实验 9-3	实验 9-4
教师签章					

二、实验数据记录及处理

【实验 9-1】二、三极管的极性及质量判断、测量（必做）

表 9-1　二极管正反向电阻测量及质量检测结果记录表

二极管名称	型号	正向电阻	反向电阻	测电阻挡位	二极管质量
硅二极管					
发光二极管					

表 9-2　测量三极管管型和管脚结果记录表

三极管标号	三极管的管型	面向三极管的平面侧 自左至右三个管脚分别为

班级：________姓名：________学号：________实验导师：________实验日期：________

【实验 9-2】二极管单向导电特性实验（选做）

【实验 9-3】单管放大电路的 Multisim 仿真研究（选做）

1. 静态工作点的测量

表 9-3 静态工作点测量数据记录

测量值							计算值
V_{BQ}/V	V_{CQ}/V	V_{EQ}/V	U_{BEQ}/V	U_{CEQ}/V	I_{CQ}/mA	I_{BQ}/mA	β

2. 观察 Q 点对输出波形失真的影响（负载开路时）

表 9-4 观察 Q 点对输出波形失真的影响记录表（负载开路时）

序号	工作条件	u_{op-p} 波形图	判断电路工作状态
(1)	R_W 适中，u_{ip-p}=15mV U_{CEQ}=7V 左右	u_{o1}, O, t	失真情况：不失真 Q 点：基本合适
(2)	R_W 偏大，u_{ip-p}=15mV U_{CEQ}=________V I_{CQ} =________mA	u_{o2}, O, t	出现________失真 Q 点：
(3)	R_W 偏小，u_{ip-p}=________mV U_{CEQ}=________V I_{CQ} =________mA	u_{o3}, O, t	出现________失真 Q 点：

3. 单管放大电路的动态性能指标测试

（1）空载时电压放大倍数 $A_{uo}=$________。

晶体管单管共射放大电路的输出电压与输入电压的相位关系：________________

________________。

（2）输入电阻 R_i

表 9-5　输入电阻 R_i 的测量数据表

测量值/mV		由测量值计算 $R_i(R_s=1\text{k}\,\Omega)$
U_S	U_i	$R_i=\dfrac{U_i}{U_S-U_i}R_S$
		$R_i=$______(Ω)

（3）输出电阻 R_o

带负载时的电压放大倍数 $A_u=$________。

表 9-6　输出电阻 R_o 的测量数据表

测量值/mV		由测量值计算 R_o
$U_{OCp\text{-}p}$	$U_{OLp\text{-}p}$	$R_o=\left(\dfrac{U_{OCp\text{-}p}}{U_{OLp\text{-}p}}-1\right)R_L$
		$R_o=$______(Ω)

【实验 9-4】单管共射放大电路的静态和动态研究（必做）

1. 静态工作点的测量

表 9-7　静态工作点测量数据记录

测量值							计算值
V_{BQ}/V	V_{CQ}/V	V_{EQ}/V	U_{BEQ}/V	U_{CEQ}/V	I_{CQ}/mA	I_{BQ}/mA	β

班级：________姓名：________学号：________实验导师：________实验日期：________

2. 观察 Q 点对输出波形失真的影响（负载开路时）

表 9-8　观察 Q 点对输出波形失真的影响记录表（负载开路时）

序号	工作条件	$u_{\mathrm{op\text{-}p}}$ 波形图	判断电路工作状态
(1)	R_W 适中，$u_{\mathrm{ip\text{-}p}}=15\mathrm{mV}$ $U_{CEQ}=7\mathrm{V}$ 左右	u_{o1} — O — t	失真情况：不失真 Q 点：基本合适
(2)	R_W 偏大，$u_{\mathrm{ip\text{-}p}}=15\mathrm{mV}$ $U_{CEQ}=$________V $I_{CQ}=$________mA	u_{o2} — O — t	出现________失真 Q 点：
(3)	R_W 偏小，$u_{\mathrm{ip\text{-}p}}=$____mV $U_{CEQ}=$________V $I_{CQ}=$________mA	u_{o3} — O — t	出现________失真 Q 点：

3. 放大器的动态性能指标测试

(1) 电压放大倍数 A_u

空载时电压放大倍数 $A_{uo}=$______；带负载时的电压放大倍数 $A_u=$______；

晶体管单级共射放大电路的输出电压与输入电压的相位关系：__________。

(2) 输入电阻 R_i

表 9-9　输入电阻 R_i 的测量数据表

测量值/mV		由测量值计算 R_i（$R_S=10\mathrm{k\Omega}$）
U_S	U_i	$R_i=\dfrac{U_i}{R_S-U_i}R_S$
		$R_i=$________（Ω）

(3) 输出电阻 R_o

表 9-10　输出电阻 R_o 的测量数据表

测量值/mV		由测量值计算 R_o
$U_{OCp\text{-}p}$	$U_{OLp\text{-}p}$	$R_o=\left(\frac{U_{OCp\text{-}p}}{U_{OLp\text{-}p}}-1\right)R_L$
		$R_o=$________(Ω)

三、思考题

（1）改变静态工作点对于放大电路的输入电阻是否有影响？

（2）改变负载电阻对放大电路的输出电阻是否有影响？

（3）分压偏置式共射放大电路的特点？与射极输出器的主要区别？

四、实验总结、心得体会及建议

简单总结本次实验，200～300 字，从需要掌握的理论、遇到的困难、解决的办法以及经验教训等方面进行总结。

对本实验内容、过程及方法的改进建议（选填）。

班级：________姓名：________学号：________实验导师：________实验日期：________

实验十　集成运算放大器应用

一、实验完成情况

项目	预习报告	实验 10-1	实验 10-2	实验 10-3	实验 10-4
教师签章					

二、实验数据记录及处理

【实验 10-1】使用 Multisim 软件进行集成运算放大器仿真实验（预习）

表 10-1　电压跟随器数据表

V_i/V		+3	0
V_o/V	$R_L=\infty$		
	$R_L=2k\Omega$		

表 10-2　反相输入放大数据表

输入电压 V_i/V		0.1	0.2	0.3	0.4	0.5
输出电压	测得 V_o/V					
	算得 V_o'/V					
A_V	V_o/V_i					
	平均值					

班级：________姓名：________学号：________实验导师：________实验日期：________

【实验 10-2】集成运算放大器基本实验研究（必做）

表 10-3　集成运算放大器基本实验数据记录表

内容	V_{i1}/mV	V_{i2}/mV	V_o/mV	计算公式	理论值
反相比例运算	+200	不接入			
	+1000	不接入			
	不接入	−400			
同相比例运算	+300	不接入			
	不接入	−400			
	在输入端加一个正弦信号（f=1kHz，$u_{ip\text{-}p}$=200mV）（V_{i1} 和 V_{i2} 都不接入）		$u_{op\text{-}p}$=________ u_o 与 u_i 相位关系：________		
反相输入求和	+300	−600			
	+600	−400			
双端输入求和	+200	−660			
	+200	−300			
电压跟随器	+200	不接入			
	不接入	−400			
	在输入端加一个正弦信号（f=1kHz，$u_{ip\text{-}p}$=200mV）		$u_{op\text{-}p}$=________ u_o 与 u_i 相位关系：________		
过零比较器	u_i — O — t		u_o — O — t		

班级：________姓名：________学号：________实验导师：________实验日期：________

【实验 10-3】使用 Multisim 软件进行正弦波振荡电路仿真研究（选做）

【实验 10-4】使用 Multisim 软件进行运放组合电路仿真研究（选做）

表 10-4　集成运算放大器组合电路实验数据记录表

V_1/V	V_2/V	V_o/V	
0.1	0.2	实测	
		计算	
0.3	0.2	实测	
		计算	

三、思考题

（1）总结几种比较器各自的特点和应用。

（2）由集成运算放大器构成低频三角波、方波波形发生器，画出电路原理图。

四、实验总结、心得体会及建议

简单总结本次实验，200～300 字，从需要掌握的理论、遇到的困难、解决的办法以及经验教训等方面进行总结。

对本实验内容、过程及方法的改进建议（选填）。

附录七　综合设计性实验

本附录提供两个较为通用的综合设计性实验，供学有余力且有探究需求的同学选用。

一、多量程直流电压表电路设计实验

1. 任务目标

设计一个多量程直流电压表电路，使之能够测量 1V、10V、50V 的直流电压。

2. 要求

（1）电路设计合理；

（2）提交设计报告，包括原理说明、仿真分析和硬件电路。

方案自拟。

本实验的特点是理论联系实际，使学生形成电路理论知识可以进行工程应用的概念，可通过简单的电阻串并联电路进行电压表量程扩展以及电表改装的方法，也可结合单片机或者继电器制作可自动切换量程的电表。

二、温度信号采集、放大及显示电路设计实验

1. 任务目标

对于 0～100℃的单路温度信号进行采集、放大并进行显示。

2. 要求

（1）温度分辨率为±1℃；

（2）电路图布局合理、标注规范；

（3）提交设计报告，包括仿真分析、实际电路图及调试好的硬件电路。

方案自拟。

本实验的特点为可选的实现方案较多，涉及电路、模拟电路、数字电路、单片机、LCD 液晶显示、数码显示等常规工程电路设计知识的综合应用，经过综合设计性实验训练，可以具备基本的工程电路开发和设计能力。

参考文献

[1] 张新莲，吴贞焕，雷伏容. 电路电子实验（Ⅰ）[M]. 北京：化学工业出版社，2013.
[2] 张新莲，吴亚琼，曹晰. 电路电子实验（Ⅱ）[M]. 北京：化学工业出版社，2013.
[3] 邱关源. 电路 [M]. 5 版. 北京：高等教育出版社，2019.
[4] William H. Hayt，Jr. 工程电路分析 [M]. 8 版. 周玲玲，蒋乐天，译. 北京：电子工业出版社，2012.
[5] 吴亚琼，韩雪岩，曹晰. 电子技术实验（数字部分）[M]. 北京：化学工业出版社，2019.